建筑装饰工程施工管理

“互联网+”新形态信息化教材

高职高专建筑装饰工程专业规划教材

主编 / 邢霖　贾晓东

JIANZHU ZHUANGSHI GONGCHENG SHIGONG GUANLI

天津大学出版社
TIANJIN UNIVERSITY PRESS

图书在版编目（CIP）数据

建筑装饰工程施工管理 / 邢霖, 贾晓东主编. -- 天津 : 天津大学出版社, 2022.6
高职高专建筑装饰工程专业规划教材
ISBN 978-7-5618-7117-1

Ⅰ. ①建… Ⅱ. ①邢… ②贾… Ⅲ. ①建筑装饰－施工管理－高等职业教育－教材 Ⅳ. ①TU767

中国版本图书馆CIP数据核字(2022)第007227号

出版发行　天津大学出版社
地　　址　天津市卫津路92号天津大学内（邮编：300072）
电　　话　发行部：022-27403647
网　　址　www.tjupress.com.cn
印　　刷　廊坊市海涛印刷有限公司
经　　销　全国各地新华书店
开　　本　185mm×260mm
印　　张　12
字　　数　300千
版　　次　2022年6月第1版
印　　次　2022年6月第1次
定　　价　40.00元

前　言

“建筑装饰工程施工管理”作为高职院校室内设计、装饰工程技术专业的专业核心课程，由七部分内容组成，即建筑装饰工程施工管理概述、建筑装饰工程施工成本管理、建筑装饰工程施工进度管理、建筑装饰工程施工质量管理、建筑装饰工程施工职业健康安全与环境管理、建筑装饰工程施工合同管理和建筑装饰工程施工信息管理，主要包括以下几个方面的基本理论知识及其应用：

(1)项目管理的基本原理及其在施工项目管理领域中的应用，包括目标控制(成本控制、进度控制和质量控制)和施工合同管理等；

(2)与项目管理相关的组织理论的基本原理、风险管理的基本知识和施工信息管理的基本概念及其应用；

(3)建筑装饰工程监理的基本概念；

(4)装饰施工企业项目经理的基本概念和相关实务；

(5)装饰施工职业健康安全与环境管理的基本知识及其应用。

本教材以“知识点”的形式展开讲解，融入新时期建筑装饰工程施工管理的重点知识内容，其中的基本理论知识和相关知识采用“知识点概括→知识点剖析→知识点导图”的授课思路对关联的零散内容进行整理，并归纳总结成独立的表格或图形，方便学习、记忆。在授课过程中，各位老师可以根据不同的教学要求，组合相关内容进行教学设计。

本教材由重庆建筑工程职业学院邢霖、重庆工商职业学院贾晓东担任主编，由重庆建筑工程职业学院黄杉、罗丹，重庆工商职业学院刘霞、刘广娜担任副主编。具体编写分工如下：引言、第1章、第2章由邢霖编写，第3章、第5章由贵晓东编写，第4章由黄杉编写，第6章由刘霞、刘广娜编写，第7章由罗丹编写。

为了满足任课教师的需要，本教材提供免费的课件(PPT)，读者可通过扫描右侧的二维码获取。

课程 PPT

在编写本教材的过程中，编者引用了大量国内外文献资料，在此谨向原作者表示感谢。由于编者水平有限，书中不足与疏漏之处在所难免，敬请各位读者批评指正。

编者

2022年1月

目　录

引 言

《国务院办公厅关于促进建筑业持续健康发展的意见》(国办发〔2017〕19号)指出,建筑业是国民经济的支柱产业。改革开放以来,我国建筑业快速发展,建造能力不断增强,产业规模不断扩大,吸纳了大量农村转移劳动力,带动了大量关联产业,对经济社会发展、城乡建设和民生改善做出了重要贡献。但也要看到,建筑业仍然大而不强,监管体制机制不健全、工程建设组织方式落后、建筑设计水平有待提高、质量安全事故时有发生、市场违法违规行为较多、企业核心竞争力不强、工人技能素质偏低等问题较为突出。为贯彻落实《中共中央 国务院关于进一步加强城市规划建设管理工作的若干意见》,进一步深化建筑业"放管服"改革,加快产业升级,促进建筑业持续健康发展,为新型城镇化提供支撑,经国务院同意,提出深化建筑业简政放权改革、完善工程建设组织模式、加强工程质量安全管理、优化建筑市场环境、提高从业人员素质、推进建筑产业现代化、加快建筑业企业"走出去"等七个方面的20条措施,对促进建筑业持续健康发展具有重要意义。

国务院国有资产监督管理委员会于2020年7月29日召开对标世界一流管理提升行动启动会,决定在中央企业和地方国有重点企业开展对标世界一流管理提升行动。《关于开展对标世界一流管理提升行动的通知》(国资发改革〔2020〕39号)提出了对标提升行动的总体要求:以习近平新时代中国特色社会主义思想为指导,以对标世界一流为出发点和切入点,以加强管理体系和管理能力建设为主线,坚持突出重点、统筹推进、因企施策,对照世界一流企业、行业先进企业找差距,有针对性地采取务实管用的工作措施,促进企业管理水平在现有基础上明显提升。同时其也提出了重点任务:综合分析世界一流企业的优秀实践,深入查找企业管理的薄弱环节,通过健全工作制度、完善运行机制、优化管理流程、明确岗位职责、严格监督检查等措施,持续加强企业管理的制度体系、组织体系、责任体系、执行体系、评价体系等建设,全面提升管理能力和水平。

建筑装饰装修工程项目是指在一定工期内、一定预算条件下,为了保护建筑物的主体结构、完善建筑物的使用功能和美化建筑物,采用装饰装修材料或饰物对建筑物的内、外表面及空间进行各种处理的一次性活动。

需要说明的是,随着经济的发展和生活水平的提高,人们工作、居住的条件和环境日益改善,房屋装饰装修迅速发展,建筑装饰装修业已经发展成为一个新兴的、比较独立的行业,传统的分部工程随之独立出来,单独设计施工图纸、单独计价。目前,已将原来意义上的装饰装修分部工程统称为建筑装饰装修工程,从而产生了建筑装饰装修工程项目,它成为我国建筑划分的十大分部工程之一。

建筑装饰装修工程项目的主要内容如下。

(1)抹灰工程。抹灰工程是将各种砂浆、装饰性水泥、石子浆等涂抹在建筑物的墙面、地面、顶棚面等表面上的工程。抹灰工程是最直接、最初始的装饰装修工程。抹灰工程按使用材料和装饰效果一般可分为一般抹灰、装饰抹灰和特种砂浆抹灰。

(2)门窗工程。门窗是建筑物的眼睛,在塑造室内外空间艺术形象中起着十分重要的作用。门窗经常成为重点装饰装修的对象。门窗工程主要包括木门窗、金属门窗、复合门窗的制作和安装。

(3)幕墙工程。幕墙工程是用挂件将幕墙材料悬挂于外墙面上的一种装饰装修工程。幕墙主要起到装饰美观和保护外墙面的作用。根据幕墙材料的不同,幕墙一般可分为玻璃幕墙、金属幕墙、石材幕墙。

(4)饰面板(砖)工程。饰面板(砖)工程是在建筑物的内外墙面、地面、柱面上镶贴或挂贴饰面材料的一种装饰装修工程。其主要包括饰面板、饰面砖工程。

(5)楼地面工程。楼地面工程是在楼地面基层上铺贴各种饰面层的一种装饰装修工程。根据饰面层材料的不同,楼地面有很多种类,如水磨石楼地面、木地板楼地面、瓷砖楼地面、地毯、塑胶地面等。

(6)吊顶工程。吊顶工程是在建筑物的结构层下部悬吊由骨架及饰面板组成的装饰构造层。吊顶工程包括整体面层吊顶、块材面层吊顶、格栅吊顶的骨架制作及饰面板安装。

(7)轻质隔墙工程。轻质隔墙工程是用轻质材料对建筑物平面进行划分,形成较小的空间。轻质隔墙主要包括骨架隔墙、板材隔墙、活动隔断、玻璃隔墙等。

(8)涂饰工程。涂饰工程是在基层面上刷涂、滚涂、喷涂、抹涂各种涂料(包括油漆)的一种工程。其施工方法简单,造价低,质量轻,便于维修、更新,因此,得到了较广泛的使用。

(9)裱糊工程与软包工程。裱糊工程是指在室内平整光洁的墙面、顶棚面、柱面和室内其他构件表面,用壁纸、墙布等材料裱糊的装饰装修工程;软包工程是指在墙面、柱面等基层表面包上各种软包材料,如人造革、装饰布等。软包墙面具有较好的吸声、保护效果,并具有质感舒适、美观大方等优点。

第1章　建筑装饰工程施工管理概述

【章节概述】本章是“建筑装饰工程施工管理”课程的理论基础，共涉及7个独立的知识板块，重点讲述项目管理、施工管理的组织、施工组织设计、项目经理、监理、风险等基本概念和动态控制原理。本章的知识内容是后续课程学习的重要基础，但是知识点密集，容易混淆，学习时应结合对比表对比辨析，重点把握以下内容：参与各方项目管理的目标和任务的区分、施工总承包管理方的主要特点、组织工具、组织结构模式的特点、三类施工组织设计的内容、项目经理职责和权限的划分等。本章介绍的管理思路贯穿后续各个章节，目标控制的方法对进度、成本、质量控制都有重要意义。

第1节　建筑装饰工程施工方的项目管理

☆知识点概括

1. 建设工程项目管理的概念
2. 建设工程项目管理的类型
3. 施工方项目管理的任务
4. 施工总承包管理方与施工总承包方的任务的区别
5. 建设项目工程总承包的特点

☆知识点剖析

1　建设工程项目管理的概念

建设工程项目管理是在项目全寿命周期内，用系统工程理论、观点和方法，进行有效的预测、计划、决策、组织、协调、控制等。

建设工程项目管理的内涵：自项目开始至项目完成，通过项目策划和项目控制，使项目的费用目标、进度目标和质量目标得以实现。

（1）“自项目开始至项目完成”指的是项目的实施阶段。

（2）“项目策划”指的是项目实施的策划，即项目目标控制前的一系列筹划和准备工作。

（3）“费用目标”，对业主而言是投资目标，对施工方而言是成本目标。

（4）项目管理的核心任务是目标控制，没有目标的建设工程不能成为项目管理的对象。

项目决策阶段管理工作的主要任务是确定项目的定义，而项目实施阶段管理工作的主要任务是通过管理使项目的目标得以实现。项目全寿命周期图如图 1-1-1 所示。

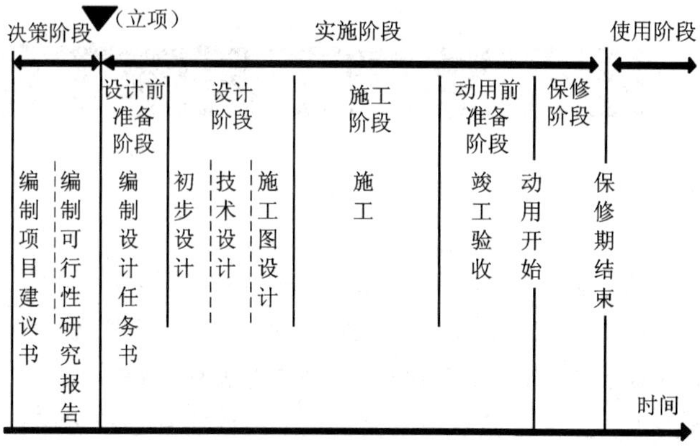

图 1-1-1 项目全寿命周期图

【**提示**】工程管理与项目管理存在本质的区别,工程管理涉及决策、实施、使用三个阶段,项目管理仅涉及实施阶段,两者是包含与被包含的关系。

2 建设工程项目管理的类型【必会】

按建设工程生产组织的特点,一个项目往往由众多参与单位承担不同的建设任务,各参与单位的工作性质、工作任务和利益不同,就形成了不同类型的项目管理。由于业主方是建设工程项目生产过程的总集成者——人力资源、物质资源和知识的集成者,也是建设工程项目生产过程的总组织者,因此对于一个建设工程项目而言,虽然有不同利益方的项目管理,但是业主方的项目管理是管理的核心。

按建设工程项目不同参与方的工作性质和组织特征划分,项目管理有如下几种类型:

(1)业主方的项目管理;

(2)设计方的项目管理;

(3)施工方的项目管理;

(4)供货方的项目管理;

(5)建设项目工程总承包方的项目管理等。

投资方、开发方和由咨询公司提供的代表业主方利益的项目管理属于业主方的项目管理。施工总承包方和分包方的项目管理属于施工方的项目管理。材料和设备供应方的项目管理属于供货方的项目管理。建设项目工程总承包有多种形式,如设计和施工任务综合的承包,设计、采购和施工任务综合的承包(简称 EPC)等,这些项目管理属于建设项目工程总承包方的项目管理。

业主方的项目管理工作涉及项目实施阶段的全过程,即在设计前准备阶段、设计阶段、施工阶段、动用前准备阶段和保修阶段分别进行如下工作:

(1)安全管理;

(2)投资控制;

（3）进度控制；

（4）质量控制；

（5）合同管理；

（6）信息管理；

（7）组织和协调。

设计方作为项目建设的一个参与方，其项目管理主要服务于项目的整体利益和设计方本身的利益。其项目管理的目标包括设计的成本目标、进度目标、质量目标以及项目的投资目标。项目的投资目标能否实现与设计工作是否到位密切相关。

设计方的项目管理工作主要在设计阶段进行，但也涉及设计前准备阶段、施工阶段、动用前准备阶段和保修阶段。

设计方项目管理的任务包括：

（1）与设计工作有关的安全管理；

（2）设计成本控制和与设计工作有关的工程造价控制；

（3）设计进度控制；

（4）设计质量控制；

（5）设计合同管理；

（6）设计信息管理；

（7）与设计工作有关的组织和协调。

供货方作为项目建设的一个参与方，其项目管理主要服务于项目的整体利益和供货方本身的利益。其项目管理的目标包括供货方的成本目标、供货的进度目标和供货的质量目标。

供货方的项目管理工作主要在施工阶段进行，但也涉及设计前准备阶段、设计阶段、动用前准备阶段和保修阶段。

供货方项目管理的任务包括：

（1）供货的安全管理；

（2）供货方的成本控制；

（3）供货的进度控制；

（4）供货的质量控制；

（5）供货的合同管理；

（6）供货的信息管理；

（7）与供货有关的组织和协调。

五大参与方的项目管理内容分析见表 1-1-1。

【提示】五大参与方的目标均从“费用、进度、质量”三个方面考虑，而“费用”目标对于不同的参与方性质不同。业主方、设计方、工程总承包方均涉及“投资”，设计方和工程总承包方还要考虑自身的“成本”。设计方在设计阶段要考虑业主方的总投资，投资的金额直接影响设计的质量；而工程总承包方的承包有 D+B（设计 + 施工）和 EPC（设计 + 施工 + 采购）两种模式，均有“设计”。

表 1-1-1　五大参与方的项目管理内容分析

类别	业主方的项目管理	设计方的项目管理	供货方的项目管理	施工方的项目管理	工程总承包方的项目管理
目标	投资（总投资） 进度（项目动用时间） 质量	投资 成本 进度 质量	成本 进度 质量	成本（内部确定） 进度 质量（合同约定）	投资 成本 进度 质量
任务	本身的“三控三管一协调”（安全第一）				“三控三管”、风险管理、资源管理
服务对象	业主	项目整体利益 + 本身利益			
涉及阶段	实施阶段	实施阶段	实施阶段	实施阶段	实施阶段
主要阶段	实施阶段	设计阶段	施工阶段	施工阶段	实施阶段

3　施工方项目管理的任务

施工方作为项目建设的一个参与方，其项目管理主要服务于项目的整体利益和施工方本身的利益。其项目管理的目标包括施工的成本目标、进度目标和质量目标。

施工方的项目管理工作主要在施工阶段进行，但也涉及设计前准备阶段、设计阶段、动用前准备阶段和保修阶段。在工程实践中，设计阶段和施工阶段往往是交叉的，因此施工方的项目管理工作也涉及设计阶段。

施工方项目管理的任务包括：

（1）施工安全管理；

（2）施工成本控制；

（3）施工进度控制；

（4）施工质量控制；

（5）施工合同管理；

（6）施工信息管理；

（7）与施工有关的组织与协调。

施工方是承担施工任务的单位的总称谓，它可能是施工总承包方、施工总承包管理方、分包施工方、建设项目总承包的施工任务执行方或仅仅提供施工劳务的参与方。施工方担任的角色不同，其项目管理的任务和工作重点也会有差异。

“三控三管一协调”即施工安全管理、施工成本控制、施工进度控制、施工质量控制、施工合同管理、施工信息管理、组织与协调。

4　施工总承包管理方与施工总承包方的任务的区别【必会】（表 1-1-2）

施工总承包方（GC，General Contractor）对所承包的建设工程承担施工任务的执行和组织的总责任，它的主要管理任务如下。

（1）负责整个工程的施工安全管理、施工总进度控制、施工质量控制和施工的组织与协调等。

（2）控制施工的成本（这是施工总承包方内部的管理任务）。

（3）施工总承包方是工程施工的总执行者和总组织者，它除了完成自己承担的施工任务以外，还负责组织和指挥它选定的分包施工单位（也称分包方、分包人）与业主指定的分包施工单位的施工（业主指定的分包施工单位有可能与业主单独签订合同，也可能与施工总承包方签订合同，不论采用何种合同模式，施工总承包方都应负责组织和管理业主指定的分包施工单位的施工，这是国际惯例），并为分包施工单位提供和创造必要的施工条件。

（4）负责施工资源供应的组织。

（5）代表施工方与业主方、设计方、工程监理方等外部单位进行必要的联系和协调等。分包施工单位承担合同所规定的分包施工任务以及相应的项目管理任务。若采用施工总承包或施工总承包管理模式，分包方（不论是一般的分包方，还是由业主指定的分包方）必须接受施工总承包方或施工总承包管理方的工作指令，服从其总体的项目管理。

施工总承包管理方（MC，Managing Contractor）对所承包的建设工程承担施工任务的组织的总责任，它的主要任务如下。

（1）一般情况下，施工总承包管理方不承担施工任务，它主要进行施工的总体管理和协调。如果施工总承包管理方通过投标（在平等条件下竞标）获得一部分施工任务，则它也可参与施工。

（2）一般情况下，施工总承包管理方不与分包方和供货方直接签订施工合同，这些合同都由业主方直接签订。但若施工总承包管理方应业主方的要求，协助业主方参与施工的招标和发包工作，其参与的工作深度由业主方决定。业主方也可能要求施工总承包管理方负责整个施工的招标和发包工作。

（3）不论是业主方选定的分包方，还是经业主方授权由施工总承包管理方选定的分包方，施工总承包管理方都承担对其的组织和管理责任。

（4）施工总承包管理方和施工总承包方承担相同的管理任务和责任，即负责整个工程的施工安全管理、施工总进度控制、施工质量控制和施工的组织与协调等。因此，由业主方选定的分包方应经施工总承包管理方的认可，否则施工总承包管理方难以承担对工程管理的总责任。

（5）负责组织和指挥分包施工单位的施工，并为分包施工单位提供和创造必要的施工条件。

（6）与业主方、设计方、工程监理方等外部单位进行必要的联系和协调等。

表 1-1-2　施工总承包管理方与施工总承包方的任务对比

内容	施工总承包管理方	施工总承包方
承担的责任	主要管理责任	施工和管理责任
对分包方的选择	业主选择分包方	施工总承包方选择分包方
对分包方的认可	施工总承包管理方认可分包方	业主认可分包方

续表

内容	施工总承包管理方	施工总承包方
与分包方签合同	业主与分包方签	施工总承包方与分包方签
对分包方的管理和责任	二者相同	

【提示】施工总承包方与施工总承包管理方任务的主要区别在于,谁与分包方签合同,谁给分包方支付工程款,前提是要得到认可,注意两者的异同点。

5 建设项目工程总承包的特点

工程总承包和工程项目管理是国际通行的工程建设项目组织实施方式。积极推行工程总承包和工程项目管理,是深化我国工程建设项目组织实施方式改革,提高工程建设管理水平,保证工程质量和投资效益,规范建筑市场秩序的重要措施;是勘察、设计、施工、监理企业调整经营结构,增强综合实力,加快与国际工程承包和管理方式接轨,适应社会主义市场经济发展新形势的必然要求;是积极开拓国际承包市场,带动我国技术、机电设备及工程材料的出口,促进劳务输出,提高我国企业国际竞争力的有效途径。

建设项目工程总承包的基本出发点是借鉴工业生产组织的经验,实现建设生产过程的组织集成化,以克服由于设计与施工分离导致投资增加,由于设计和施工不协调而影响建设进度等弊病。

建设项目工程总承包的主要意义并不在于总价包干,也不是"交钥匙",其核心是通过设计与施工过程的组织集成,促进设计与施工紧密结合,以达到为项目建设增值的目的。即使采用总价包干的方式,稍大一些的项目也难以用固定总价包干,而多数采用变动总价合同。

【提示】建设项目工程总承包的基本出发点是组织集成化,目的是为项目建设增值。

☆知识点导图(图 1-1-2)

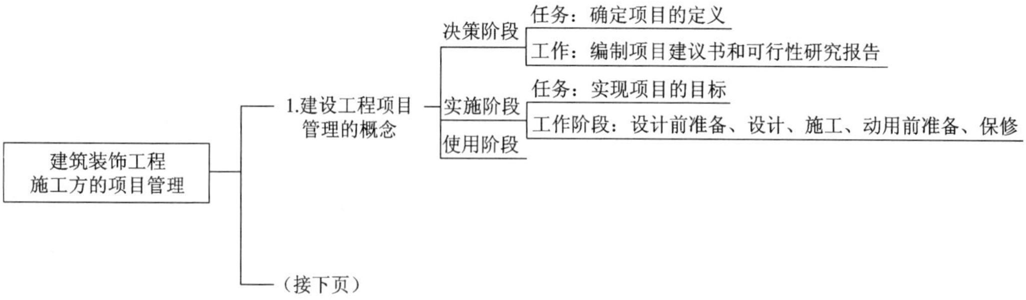

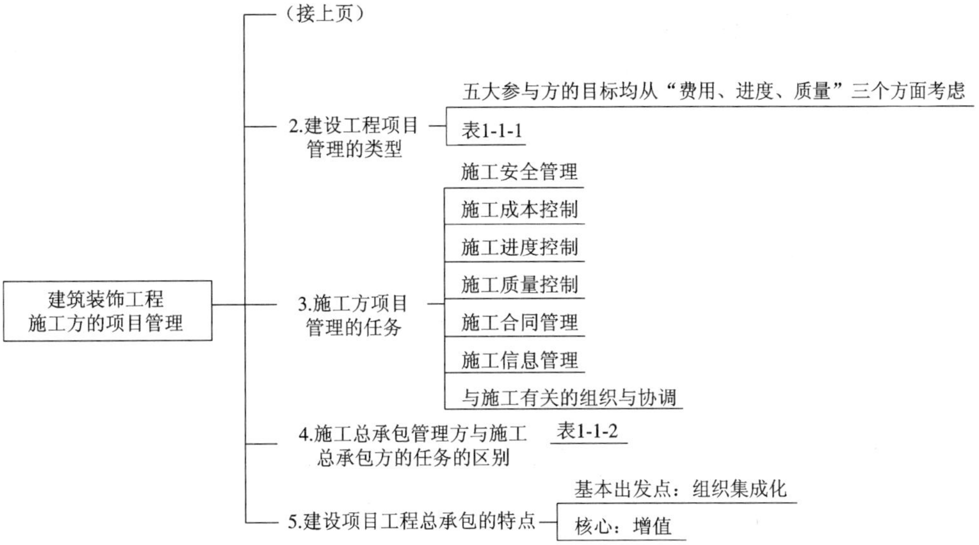

图 1-1-2　建筑装饰工程施工方的项目管理

第 2 节　建筑装饰工程施工管理的组织

☆知识点概括

1. 建设工程项目系统的特性
2. 影响系统目标实现的因素
3. 组织论的内容
4. 六种组织工具——四图两表

☆知识点剖析

1　建设工程项目系统的特性

系统取决于人们对客观事物的观察方式：一个企业、一所学校、一个科研项目或一个建设工程项目都可以视为一个系统，但不同系统的目标不同，从而形成的组织观念、组织方法和组织手段就会不同，因此各种系统的运行方式也不同。

建设工程项目作为一个系统，与一般的系统相比，有其明显的特征。

（1）一次性：没有两个完全相同的项目。

（2）周期长：建设工程项目全寿命周期一般由决策阶段、实施阶段和使用阶段组成，全寿命周期持续时间长。

（3）各参建单位的关系不固定，利益不相同。

2　影响系统目标实现的因素（重要）

影响一个系统目标实现的主要因素除了组织因素以外，还有以下两种因素。

（1）人的因素，包括管理人员和生产人员的数量和质量。

（2）方法与工具，包括管理的方法与工具以及生产的方法与工具。

结合建设工程项目的特点，人的因素包括：

（1）建设单位和该项目所有参与单位（设计、工程监理、施工、供货等单位）的管理人员的数量和质量；

（2）该项目所有参与单位的生产人员的数量和质量。

方法与工具包括：

（1）建设单位和所有参与单位管理的方法与工具；

（2）所有参与单位生产的方法与工具（设计和施工的方法与工具等）。

系统的目标决定了系统的组织，而组织是目标实现的决定性因素，这是组织论的一个重要结论。如果把一个建设工程项目的项目管理视为一个系统，其目标决定了项目管理的组织，而项目管理的组织是项目管理的目标实现的决定性因素，由此可见项目管理的组织的重要性。

控制项目目标的主要措施包括组织措施、管理措施、经济措施和技术措施，其中组织措施是最重要的措施。如果对一个建设工程项目的项目管理进行诊断，首先应分析其组织方面存在的问题。

（1）组织因素：决定性因素（系统的目标决定了系统的组织，组织是目标实现的决定性因素）。

（2）人的因素：生产人员、管理人员的数量和质量。

（3）方法与工具：生产、管理的方法和工具。

3　组织论的内容

组织论是一门学科，它主要研究系统的组织结构模式、组织分工和工作流程组织，是与项目管理学相关的一门非常重要的基础理论学科。

组织结构模式反映了一个组织系统中各子系统之间或各元素（各工作部门或各管理人员）之间的指令关系。指令关系指的是哪一个工作部门或哪一位管理人员可以对哪些工作部门或哪些管理人员下达工作指令。

组织分工反映了一个组织系统中各子系统或各元素的工作任务分工和管理职能分工。

组织结构模式和组织分工都是相对静态的组织关系。工作流程组织则反映了一个组织系统中各项工作之间的逻辑关系，是一种动态关系。物质流程组织对于建设工程项目而言，指的是项目实施任务的工作流程组织，如：设计的工作流程组织可以是方案设计、初步设计、技术设计、施工图设计，也可以是方案设计、初步设计（扩大初步设计）、施工图设计。施工作业也有多个可能的工作流程。

（1）组织结构模式：表达指令关系，即“谁管谁”。

（2）组织分工：表达分工，即“谁干什么”，包括工作任务分工和管理职能分工。

(3)工作流程组织:定义工作的流程,即"怎么干"。

4　六种组织工具——四图两表

组织工具是组织论的应用手段,人们常用图或表等形式表示各种组织关系,组织工具包括:

(1)项目结构图;

(2)组织结构图;

(3)合同结构图;

(4)工作任务分工表;

(5)管理职能分工表;

(6)工作流程图等。

其中,项目结构图、组织结构图、合同结构图是最重要的三大组织工具。

1. 项目结构图

1)项目结构图的形式

项目结构图(WBS)以树状图的形式将项目逐层分解,用矩形框代表工作任务,再用直线连接各矩形框,其可以反映所有的工作任务(图1-2-1)。

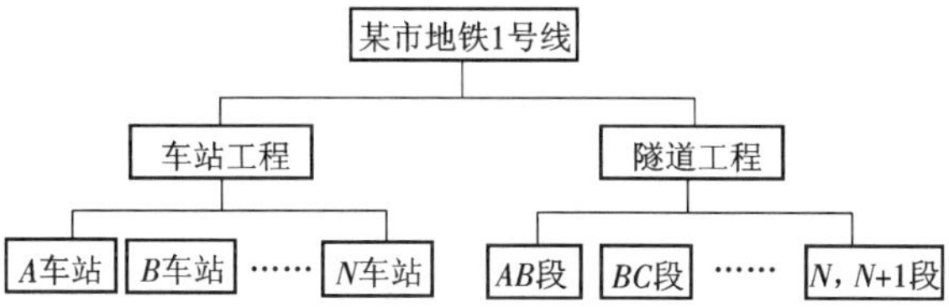

图1-2-1　项目结构图

2)项目结构分解

项目结构分解并没有统一的模式,应结合项目的特点并参考以下原则进行:

(1)考虑项目进展的总体部署;

(2)考虑项目的组成;

(3)有利于项目实施任务(设计、施工和物资采购)的发包和进行,并结合合同结构的特点;

(4)有利于项目目标的控制;

(5)结合项目管理组织结构的特点等。

单体工程如有必要(如投资、进度和质量控制的需要)也应进行项目结构分解。

【提示】项目结构图的含义和关键词,即树状图、逐层分解、所有工作任务,矩形框之间用直线连接;项目结构分解模式不统一,但有原则。

3)项目结构图的编码

项目结构图和项目结构图的编码是编制其他编码(用于投资控制、进度控制、质量控制、合同管理和信息管理等工作的编码)的基础(图 1-2-2)。

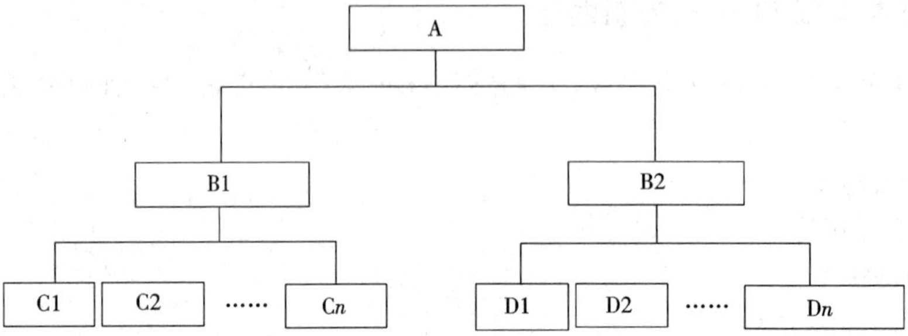

图 1-2-2　项目结构图编码示意

【提示】项目结构图和项目结构图的编码是编制其他编码的基础,这里所说的其他即"三控三管一协调"。

2. 组织结构图

1)组织结构图的形式

组织结构图中的矩形框代表各工作部门,用单向箭线连接矩形框,以表达指令关系(图 1-2-3)。

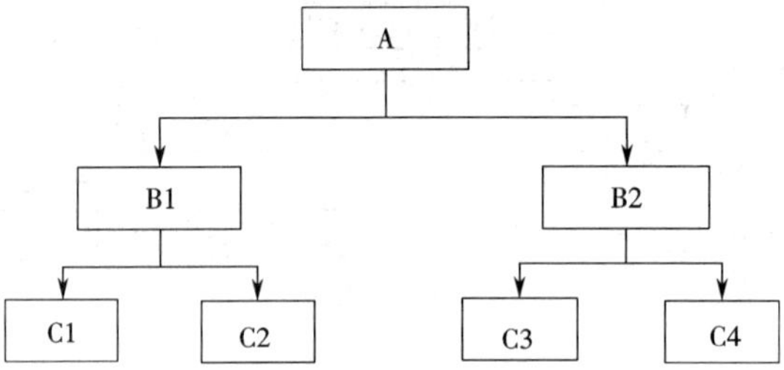

图 1-2-3　组织结构图

2)三种组织结构模式

(1)职能组织结构:有多个指令源,易产生矛盾(适用于中小型企业),见图 1-2-4。

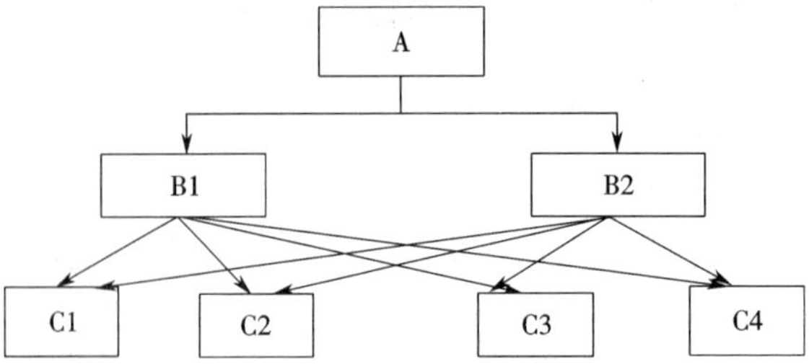

图 1-2-4　职能组织结构

(2)线性组织结构:有单个指令源,指令路径过长,易失真(适用于中小型企业),见图 1-2-5。

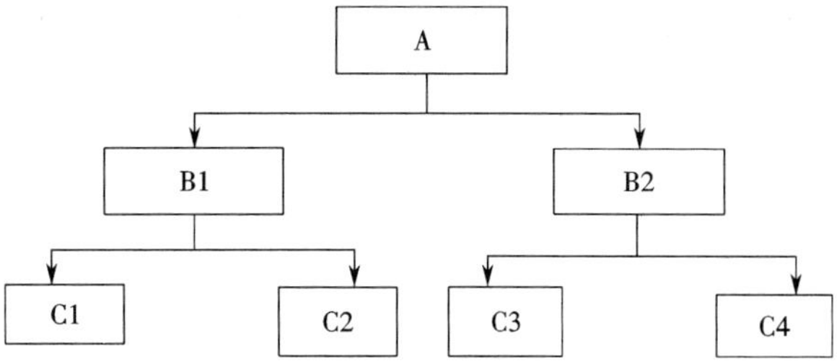

图 1-2-5　线性组织结构

（3）矩阵组织结构：有两个指令源（适用于大型企业），见图 1-2-6。

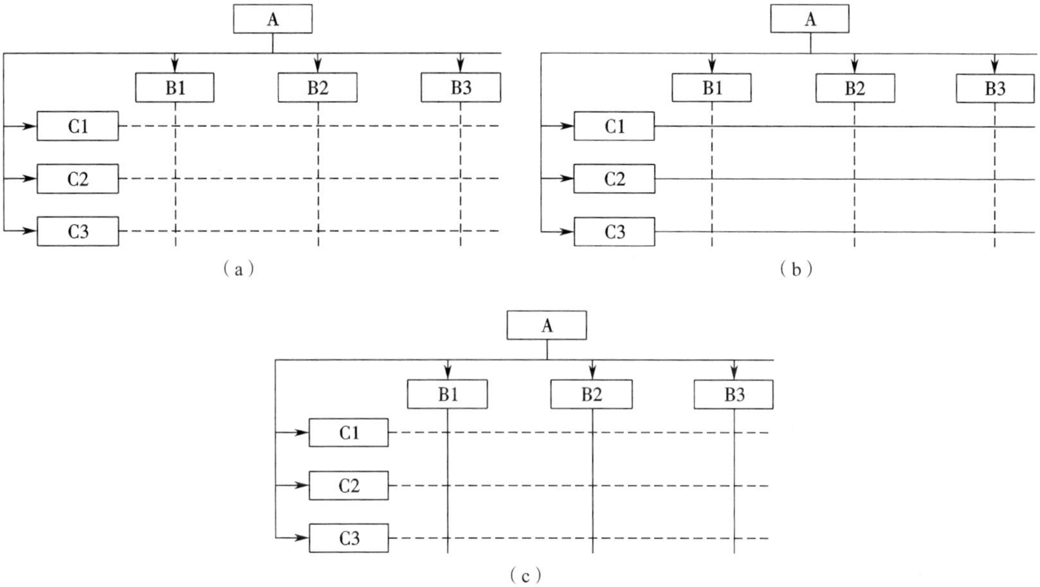

图 1-2-6　矩阵组织结构

【注】横向可以是各项目部，纵向可以是各职能部门。

3. 合同结构图

合同结构图中用矩形框代表各参与方，用双向箭线连接矩形框，以表达合同关系，见图 1-2-7。

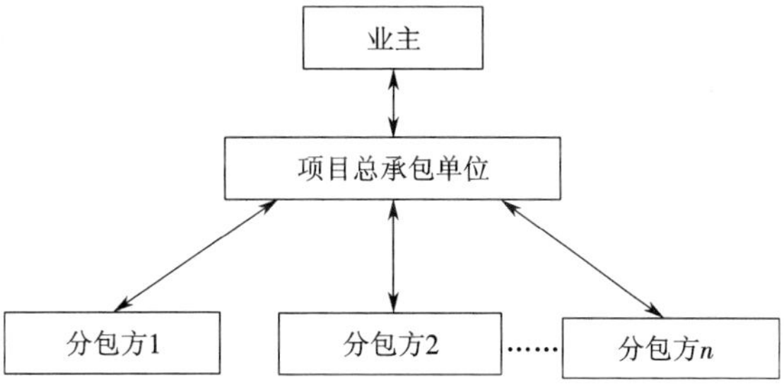

图 1-2-7　合同结构图

【例题·单选】下图反映的是某建设项目业主、项目总承包单位、分包方之间的(   )。

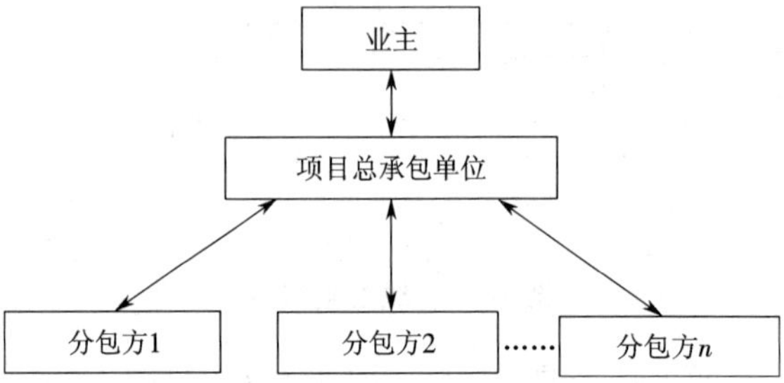

A. 协作关系　　B. 指令关系　　C. 管理关系　　D. 合同关系

【答案】D

【解析】此图属于合同结构图，反映了一个建设项目中各参与单位之间的合同关系，故 D 正确。

【总结】项目结构图、组织结构图、合同结构图是组织论的三个重要组织工具，其特点对比见表 1-2-1。

表 1-2-1　项目结构图、组织结构图、合同结构图特点对比

组织工具	表达的含义	图中矩形框的含义	矩形框连线的表达
项目结构图	反映所有工作任务	各项工作任务	直线
组织结构图	反映各工作部门的指令关系	各个工作部门	单向箭线
合同结构图	反映各参与方的合同关系	各个参与方	双向箭线

4. 工作任务分工表

(1)项目各参与方都应该编制各自的工作任务分工表，它是项目的组织设计文件之一。

(2)工作任务分工表的编制程序：

①对工作任务进行详细分解；

②确定各个工作部门的工作任务；

③编制工作任务分工表。

【提示】工作任务分工表的编制程序：任务分解→明确任务→编制表格，必须掌握。

(3)工作任务分工表的特点：

①明确主办、协办和配合的内容，并在表中用三种不同的符号(主办★、协办▲、配合●)表示；

②工作任务分工表中的每一个任务都有至少一个主办工作部门；

③运营部和物业开发部参与整个项目的实施过程。

5. 管理职能分工表

1）管理环节

管理过程是由多个环节组成的，包括提出问题、筹划、决策、执行及检查五大环节。

（1）提出问题：提出存在的问题。

（2）筹划：为解决问题提出多种解决方案并进行比较。

（3）决策：领导从多种解决方案中选择最佳方案。

（4）执行：工作人员执行领导决策的最佳方案。

（5）检查：检查决策的内容是否被执行以及执行的效果。

管理过程各环节的定义及应用见图 1-2-8。

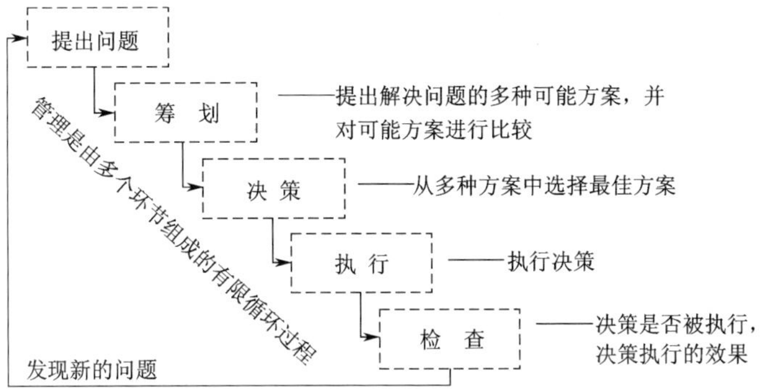

图 1-2-8　管理过程各环节的定义及应用

【提示】管理过程的五大环节，掌握其顺序，掌握举例，学会举一反三。

2）管理职能分工表的形式

管理职能分工表用表的形式反映项目管理职能分工，当管理职能分工表不足以表达清楚时，辅以管理职能分工描述书。

【注】我国习惯用岗位责任描述书来描述每个工作部门的工作任务。

6. 工作流程图

1）工作流程组织

工作流程组织的内容见表 1-2-2。

表 1-2-2　工作流程组织的内容

分类	内容
管理工作流程组织	投资控制、进度控制、合同管理、付款、设计变更的流程
信息处理工作流程组织	与生成月度进度报表有关的进度处理流程
物质流程组织	钢结构深化设计工作流程、弱电工程物资采购工作流程、外立面施工工作流程等

【提示】重点掌握表 1-2-2 中的内容，设计变更的管理工作流程组织；信息处理工作流程组织与数据有关；物质流程组织强调具体施工工艺。

2）工作流程图的形式

工作流程图用图的形式反映一个组织系统中各项工作之间的逻辑关系，它可用于描述工作流程组织，是一个重要的组织工具。工作流程图表达动态逻辑关系，用矩形框表示工作，用单向箭线连接矩形框，用菱形框表示判别条件，见图 1-2-9。

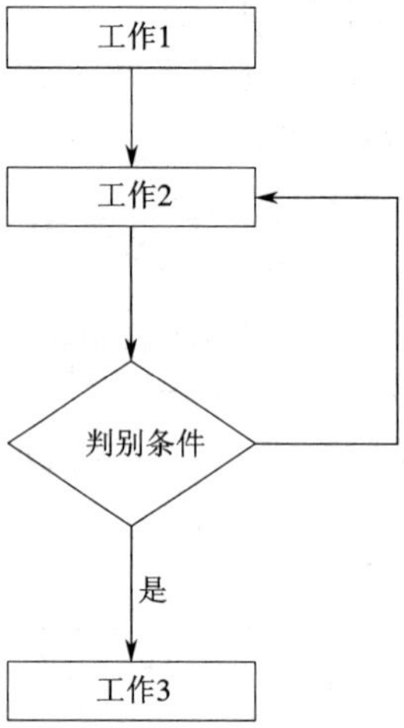

图 1-2-9　工作流程图

工作流程组织的任务即定义工作的流程。

☆知识点导图（图 1-2-10）

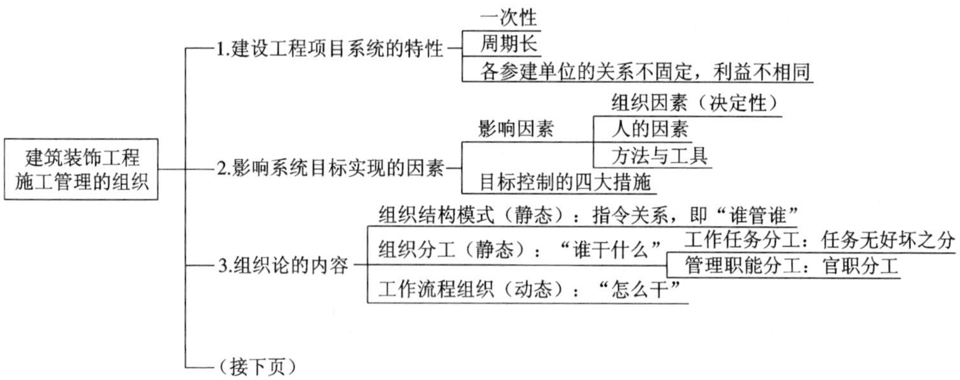

- 建筑装饰工程施工管理的组织
  - （接上页）
  - 4.六种组织工具
    - 四图
      - 项目结构图
        - 反映所有工作任务，用直线连接矩形框
        - 有不同的项目结构分解方法，与整个工程实施的部署和采用的合同结构相结合
        - 项目结构分解的原则
          - （1）考虑项目进展的总体部署
          - （2）考虑项目的组成
          - （3）有利于项目实施任务（设计、施工和物资采购）的发包和进行，并结合合同结构的特点
          - （4）有利于项目目标的控制
          - （5）结合项目管理组织结构的特点等
        - 项目结构图和项目结构图的编码是编制其他编码（用于投资控制、进度控制、质量控制、合同管理和信息管理等工作的编码）的基础
      - 组织结构图
        - 表达指令关系，用单向箭线连接矩形框
        - 三种组织结构模式
          - （1）职能组织结构：有多个指令源，易产生矛盾
          - （2）线性组织结构：有单个指令源，指令路径过长，易失真
          - （3）矩阵组织结构：有两个指令源
      - 合同结构图：表达合同关系，用双向箭线连接矩形框
      - 工作流程图
        - 工作流程组织：表1-2-2
        - 任务：定义工作的流程
        - 表达动态逻辑关系
          - 用单向箭线连接矩形框
          - 用菱形框表示判别条件（不是平行四边形）
    - 两表
      - 工作任务分工表
        - 各编各表
        - 是项目的组织设计文件之一
        - 编表程序
          - 任务分解
          - 明确任务
          - 编制表格
        - 特点
          - （1）明确主办、协办和配合的内容，并在表中用三种不同的符号表示
            - 主办★
            - 协办▲
            - 配合●
          - （2）任务分工表中的每一个任务都有至少一个主办工作部门
          - （3）运营部和物业开发部参与整个项目的实施过程
      - 管理职能分工表
        - 反映项目管理职能分工
        - 当管理职能分工表不足以表达清楚时，辅以管理职能分工描述书
        - 由多个环节组成的过程
          - 提出问题：提出存在的问题
          - 筹划：提出多种解决方案并进行比较
          - 决策：从多种解决方案中选择最佳方案
          - 执行：执行领导决策的最佳方案
          - 检查：决策是否被执行，执行的效果

图 1-2-10　建筑装饰工程施工管理的组织

第 3 节　施工组织设计的内容和编制方法

☆知识点概括

1. 施工组织设计的基本内容
2. 施工组织设计的分类及内容
3. 施工组织设计的编制原则
4. 施工组织设计的编制依据
5. 施工组织设计的编制程序

☆知识点剖析

1　施工组织设计的基本内容

施工组织设计是对施工活动实行科学管理的重要手段,它具有战略部署和战术安排的双重作用。它体现了实现基本建设计划和设计的要求,提供了各阶段的施工准备工作内容,协调了施工过程中各施工单位、各施工工种、各项资源之间的相互关系。通过施工组织设计,可以根据具体工程的特定条件拟订施工方案,确定施工顺序、施工方法、技术组织措施;可以保证拟建工程按照预定的工期完成;可以在开工前了解所需资源的数量及使用的先后顺序,合理安排施工现场布置。因此,施工组织设计应从施工全局出发,充分反映客观实际,符合国家和合同的要求,统筹安排与施工活动有关的各个方面,合理地布置施工现场,确保文明施工、安全施工。

施工组织设计的内容要结合工程对象的实际特点、施工条件和技术水平综合考虑,一般包括以下基本内容。

(1)工程概况:项目的性质、规模、建设地点、结构特点、水文、资源供应情况、施工环境及施工条件等。

(2)施工部署及施工方案(核心):部署施工任务,安排施工顺序,通过技术经济评价选择最佳施工方案。

(3)施工进度计划(时间):最佳施工方案在时间上的体现,使资源达到优化配置,编制资源需求计划和施工准备计划。

(4)施工平面图(空间):施工方案和施工进度计划在空间上的体现,使整个现场能有组织地文明施工。

(5)主要技术经济指标:对技术经济效益进行全面评价。

【提示】五项基本内容,掌握关键词即可,总结如下:工程概况,即基本信息;施工部署及施工方案,即全面合理安排;施工进度计划,即反映时间安排;施工平面图,即反映空间安排;主要技术经济指标,即衡量管理水平。

2　施工组织设计的分类及内容

根据施工组织设计编制的广度、深度和作用的不同，施工组织设计可分为：施工组织总设计；单位工程施工组织设计；分部分项工程施工组织设计（或称分部分项工程作业设计、分部分项工程施工设计）。

1. 施工组织总设计的内容

施工组织总设计是以整个建设工程项目（如一个工厂、一个机场、一个道路工程（包括桥梁）、一个居住小区等）为对象编制的。它是对整个建设工程项目施工的战略部署，是指导全局性施工的技术和经济纲要。

2. 单位工程施工组织设计的内容

单位工程施工组织设计是以单位工程（如一栋楼房、一个烟囱、一段道路、一座桥等）为对象编制的，在施工组织总设计的指导下，由直接组织施工的单位根据施工图设计编制，用于直接指导单位工程的施工，是施工单位编制分部分项工程施工组织设计和季、月、旬施工计划的依据。工程规模和技术复杂程度不同，单位工程施工组织设计编制的深度和广度也有所不同。对于简单的工程，一般只编制施工方案，并附以施工进度计划和施工平面图。

3. 分部分项工程施工组织设计的内容

分部分项工程施工组织设计是以某些特别重要的、技术复杂的，或采用新工艺、新技术施工的分部分项工程（如深基础工程、无黏结预应力混凝土工程、特大构件的吊装工程、大量土石方工程、定向爆破工程等）为对象编制的，其内容具体、详细，可操作性强，是直接指导分部分项工程施工的依据。

（1）区分三类施工组织设计的编制对象，见表1-3-1。

表1-3-1　三类施工组织设计的编制对象

类别	编制对象	举例
施工组织总设计 （指导全局性施工的技术和经济纲要）	整个建设工程项目	一个工厂、一个机场、一个道路工程（包括桥梁）、一个居住小区等
单位工程施工组织设计 （指导单位工程的施工）	单位工程	一栋楼房、一个烟囱、一段道路、一座桥等
分部分项工程施工组织设计 （指导分部分项工程的施工）	重要、技术复杂、采用新工艺与新技术的分部分项工程	深基础工程、无黏结预应力混凝土工程、特大构件的吊装工程、大量土石方工程、定向爆破工程等

（2）区分三类施工组织设计的内容，见表1-3-2。

表 1-3-2　三类施工组织设计的内容

施工组织总设计	单位工程施工组织设计	分部分项工程施工组织设计
工程概况	工程概况及施工特点分析	工程概况及施工特点分析
施工部署及核心工程的施工方案	施工方案的选择	施工方法和施工机械的选择
全场性施工准备工作计划	单位工程施工准备工作计划	分部分项工程施工准备工作计划
施工总进度计划	单位工程施工进度计划	分部分项工程施工进度计划
各项资源需求量计划	各项资源需求量计划	各项资源需求量计划
全场性施工总平面图设计	单位工程施工总平面图设计	作业区施工平面布置图设计
主要技术经济指标	主要技术经济指标	—
—	技术组织措施、质量保证措施、安全施工措施	技术组织措施、质量保证措施、安全施工措施

【提示】要学会区分三类施工组织设计的编制对象；对比记忆三类施工组织设计在内容上的差异。

3　施工组织设计的编制原则

在编制施工组织设计时，宜考虑以下原则：

(1)重视工程的组织对施工的作用；

(2)提高施工的工业化程度；

(3)重视管理创新和技术创新；

(4)重视工程施工的目标控制；

(5)积极采用国内外先进的施工技术；

(6)充分利用时间和空间，合理安排施工顺序，提高施工的连续性和均衡性；

(7)合理部署施工现场，实现文明施工。

【总结】“三重二合二提一积极”。

4　施工组织设计的编制依据

施工组织设计的编制依据对比见表 1-3-3。

表 1-3-3　施工组织设计的编制依据对比

施工组织总设计的编制依据	单位工程施工组织设计的编制依据
(1)计划文件； (2)设计文件； (3)合同文件； (4)建设地区基础资料； (5)有关的标准、规范和法律； (6)类似建设工程项目的资料和经验	(1)建设单位的意图和要求，如工期、质量、预算要求等； (2)工程的施工图纸及标准图； (3)施工组织总设计对本单位工程的工期、质量和成本的要求； (4)资源配置情况； (5)建筑环境、场地条件及地质、气象资料，如工程地质勘测报告、地形图和测量控制等； (6)有关的标准、规范和法律； (7)有关技术新成果及类似建设工程项目的资料和经验

【提示】两者对比记忆，施工组织总设计的编制依据范围大，单位工程施工组织设计的编制依据更加细化。其中，单位工程施工组织设计的编制依据“资源配置情况”需要特殊记忆。

5　施工组织设计的编制程序

施工组织设计的编制程序如下。

（1）收集和熟悉编制施工组织总设计所需的有关资料和图纸，进行项目特点和施工条件的调查研究。

（2）计算主要工种工程的工程量。

（3）确定施工的总体部署。

（4）拟订施工方案。

（5）编制施工总进度计划。

（6）编制资源需求量计划。

（7）编制施工准备工作计划。

（8）施工总平面图设计。

（9）计算主要技术经济指标。

在编制施工组织总设计时应该注意，有些工作的顺序必须按流程进行，不可调整，如：

（1）拟订施工方案后才可编制施工总进度计划（因为进度的安排取决于施工方案）；

（2）编制施工总进度计划后才可编制资源需求量计划（因为资源需求量计划要反映各种资源在时间上的需求）。

但是有些工作的顺序可根据具体项目而定，如确定施工的总体部署和拟订施工方案两者有紧密的联系，往往可以交叉进行。单位工程施工组织设计的编制程序与施工组织总设计的编制程序非常类似，此处不再赘述。

【注意】

（1）不能调整顺序的工作：拟订施工方案→编制施工总进度计划→编制资源需求量计划。

（2）确定施工的总体部署和拟订施工方案两者有紧密的联系，往往可以交叉进行。

☆知识点导图（图 1-3-1）

- 施工组织设计的内容和编制方法
  - 1.施工组织设计的基本内容
    - （1）工程概况：项目的性质、规模、水文、资源供应情况、施工条件等
    - （2）施工部署及施工方案：施工顺序，最佳施工方案
    - （3）施工进度计划：时间体现，资源优化配置
    - （4）施工平面图：空间体现，有组织地文明施工
    - （5）主要技术经济指标：对技术经济效益进行全面评价
  - 2.施工组织设计的分类及内容
    - 施工组织总设计：一个工厂、一个机场、一个道路工程（包括桥梁）、一个居住小区等
    - 单位工程施工组织设计：一栋楼房、一个烟囱、一段道路、一座桥等
    - 分部分项工程施工组织设计：深基础工程、特大构件的吊装工程、大量土石方工程、定向爆破工程等
    - 区分三类施工组织设计的内容
      - 施工组织总设计无措施
      - 单位工程施工组织设计全都有
      - 分部分项工程施工组织设计无部署、无方案、无技术经济指标描述
      - 共同内容：工程概况、各项资源需求计划
  - 3.施工组织设计的编制原则
    - “三重二合二提一积极”
      - “三重”：重视组织、创新、目标控制
      - “二合”：合理安排施工顺序、部署施工现场
      - “二提”：提高施工的工业化程度、连续性和均衡性
      - “一积极”：积极采用国内外先进的施工技术
  - 4. 施工组织设计的编制依据：施工组织总设计的编制依据范围大，单位工程施工组织设计的编制依据更加细化。其中，单位工程施工组织设计的编制依据“资源配置情况”需要特殊记忆
  - 5.施工组织设计的编制程序
    - 编制程序
      - 收集和熟悉资料和图纸
      - 计算工程量
      - 确定施工的总体部署
      - 拟订施工方案
      - 编制施工总进度计划
      - 编制资源需求量计划
      - 编制施工准备工作计划
      - 施工总平面图设计
      - 计算主要技术经济指标
    - 注意事项：确定施工的总体部署和拟订施工方案可交叉，拟订施工方案与编制施工总进度计划不能交叉，编制施工总进度计划与编制资源需求量计划不能交叉

图 1-3-1　施工组织设计的内容和编制方法

第 4 节　建设工程项目目标的动态控制

☆知识点概括

1. 项目目标动态控制原理
2. 项目目标动态控制的纠偏措施
3. 项目目标的事前控制
4. 动态控制方法在施工管理中的应用

☆知识点剖析

1　项目目标动态控制原理

基于项目管理的哲学理念:在项目实施过程中主客观条件的变化是绝对的,不变是相对的;在项目实施过程中平衡是暂时的,不平衡是永恒的。因此,在项目实施过程中必须随着情况的变化进行项目目标的动态控制。项目目标的动态控制是项目管理最基本的方法论。项目目标动态控制的工作程序如图 1-4-1 所示。

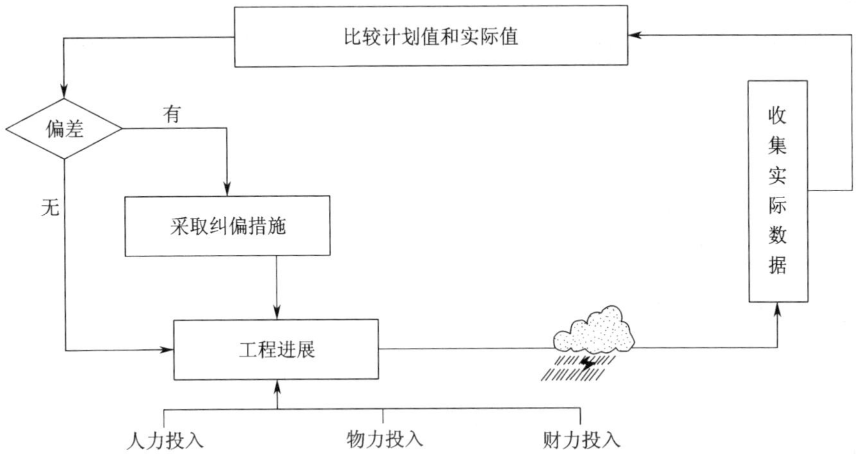

图 1-4-1　项目目标动态控制的工作程序

1. 项目目标动态控制的准备工作

对项目的目标(如投资/成本、进度和质量目标)进行分解,以确定用于目标控制的计划值(如计划投资/成本、计划进度和质量标准等)。

2. 项目目标的动态跟踪和控制

在项目实施过程(如设计过程、招投标过程和施工过程等)中对项目目标进行动态跟踪和控制。

(1)收集项目目标的实际值,如实际投资/成本、实际施工进度和施工的质量状况等。

(2)定期(如每两周或每月)对项目目标的计划值和实际值进行比较。

(3)如果项目目标的计划值和实际值有偏差,则采取纠偏措施进行纠偏。如有必要(即原定的项目目标不合理,或原定的项目目标无法实现),则对项目目标进行调整,目标调整后控制过程回到第(1)步。由于在项目目标动态控制时要进行大量的数据处理,当项目的规模比较大时,数据处理量就相当大。采用计算机辅助手段可高效、及时而准确地生成许多项目目标动态控制所需要的报表,如计划成本与实际成本的比较报表、计划进度与实际进度的比较报表等,这有助于项目目标动态控制的数据处理。

【提示】注意动态跟踪和控制步骤的顺序,这属于重要知识点,即分解目标得到计划值→收集实际值→比较→纠偏→调整目标。

2 项目目标动态控制的纠偏措施

项目目标动态控制的纠偏措施有以下几种。

（1）组织措施，分析由于组织的原因而影响项目目标实现的问题，并采取相应的措施，如调整项目组织结构、任务分工、管理职能分工、工作流程组织和项目管理班子人员等。

【**总结**】组织论、人员的调配等。

（2）管理措施（包括合同措施），分析由于管理的原因而影响项目目标实现的问题，并采取相应的措施，如调整进度管理的方法和手段、改变施工管理和强化合同管理等。

【**总结**】调整进度管理的方法、手段，改变施工管理，强化合同管理等。

（3）经济措施，分析由于经济的原因而影响项目目标实现的问题，并采取相应的措施，如落实加快工程施工进度所需的资金等。

【**总结**】资金、资源、经济激励。

（4）技术措施，分析由于技术（包括设计和施工的技术）的原因而影响项目目标实现的问题，并采取相应的措施，如调整设计、改进施工方法和改变施工机具等。

【**总结**】调整设计、换机、换料、选方法、选方案等。

3 项目目标的事前控制【必会】

项目目标动态控制的核心是在项目实施的过程中定期地对项目目标的计划值和实际值进行比较，当发现项目目标偏离时采取纠偏措施。

【**总结**】项目目标动态控制的核心：定期比较 + 纠偏。

为避免项目目标发生偏离，还应重视事前的主动控制，即事前分析可能导致项目目标偏离的各种影响因素，采取有效的预防措施。

【**总结**】事前控制的关键词：主动控制、事前、可能、预防措施。

4 动态控制方法在施工管理中的应用

我国在施工管理中引进项目管理的理论和方法已有多年。但是，运用动态控制原理控制项目目标尚未得到普及，许多施工企业还不重视在施工过程中依据和运用定量的施工成本控制、施工进度控制和施工质量控制的报告系统指导施工管理工作，项目目标控制还处于比较粗放的状况。应认识到，运用动态控制原理进行项目目标控制有利于项目目标的实现，并有利于促进施工管理科学化的进程。

1. 运用动态控制原理控制施工进度

（1）对施工进度目标进行逐层分解（大型项目通过编制施工总进度计划、项目各子系统和各子项目施工进度计划对施工进度目标进行逐层分解）。

（2）收集施工进度的实际值，定期对施工进度的计划值和实际值进行定量比较。

①控制周期：一般为一个月，对于重要的项目，可定为一旬或一周等。

②进度计划值和实际值的比较成果是进度跟踪和控制报告（如进度控制的旬、月、季、半年和年度报告等）。

（3）如发现进度偏差，则进行纠偏。

（4）如有必要则调整目标。

【提示】动态控制方法在进度方面的应用同样是动态控制程序；注意控制周期为一个月，重要的项目控制周期可缩短为一旬或一周；比较成果是定量的进度跟踪和控制报告。

2. 运用动态控制原理控制施工成本

（1）目标分解：通过编制施工成本规划，分析和论证施工成本目标实现的可能性，对施工成本目标进行分解。

（2）对施工成本目标进行动态跟踪和控制：

①收集实际值；

②在施工成本控制中，对实际值与计划值进行定量比较（周期为一个月），见图 1-4-2。

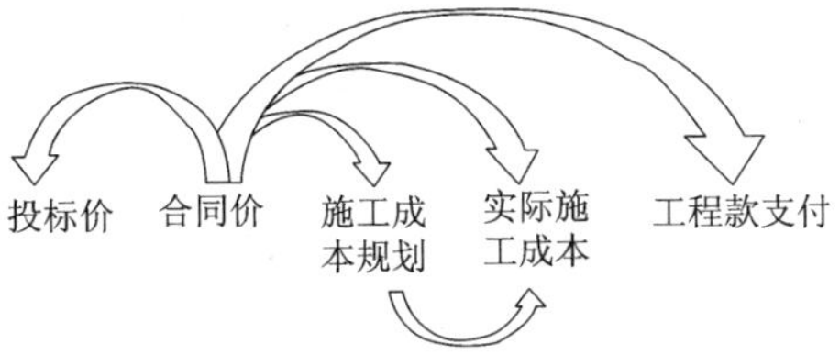

图 1-4-2　计划值与实际值的比较

（3）如发现偏差，则进行纠偏；如有必要，则调整施工成本目标。

施工成本的计划值和实际值是相对的，如：相对于合同价而言，施工成本规划的成本值是实际值；而相对于实际施工成本而言，施工成本规划的成本值是计划值。成本计划值和实际值的比较应是定量的数据比较，比较成果是成本跟踪和控制报告，如成本控制的月、季、半年和年度报告等。

【提示】成本计划值与实际值的比较：发生时间相对靠前的为计划值，相对靠后的为实际值。五种情况的对比，掌握费用在时间上的排序，即投标价→合同价→施工成本规划→实际施工成本→工程款支付。

3. 运用动态控制原理控制施工质量

（1）在施工活动开展前，首先应对质量目标进行分解，得出组成工程的各元素质量的计划值。

（2）收集各元素质量的实际值，并定期对计划值和实际值进行跟踪和控制。

（3）比较施工质量的计划值和实际值，如发现质量偏差，则须采取相应的纠偏措施进行纠偏。

质量目标不仅包括各分部分项工程的施工质量，还包括材料、半成品、成品和有关设备等的质量。

☆知识点导图(图 1-4-3)

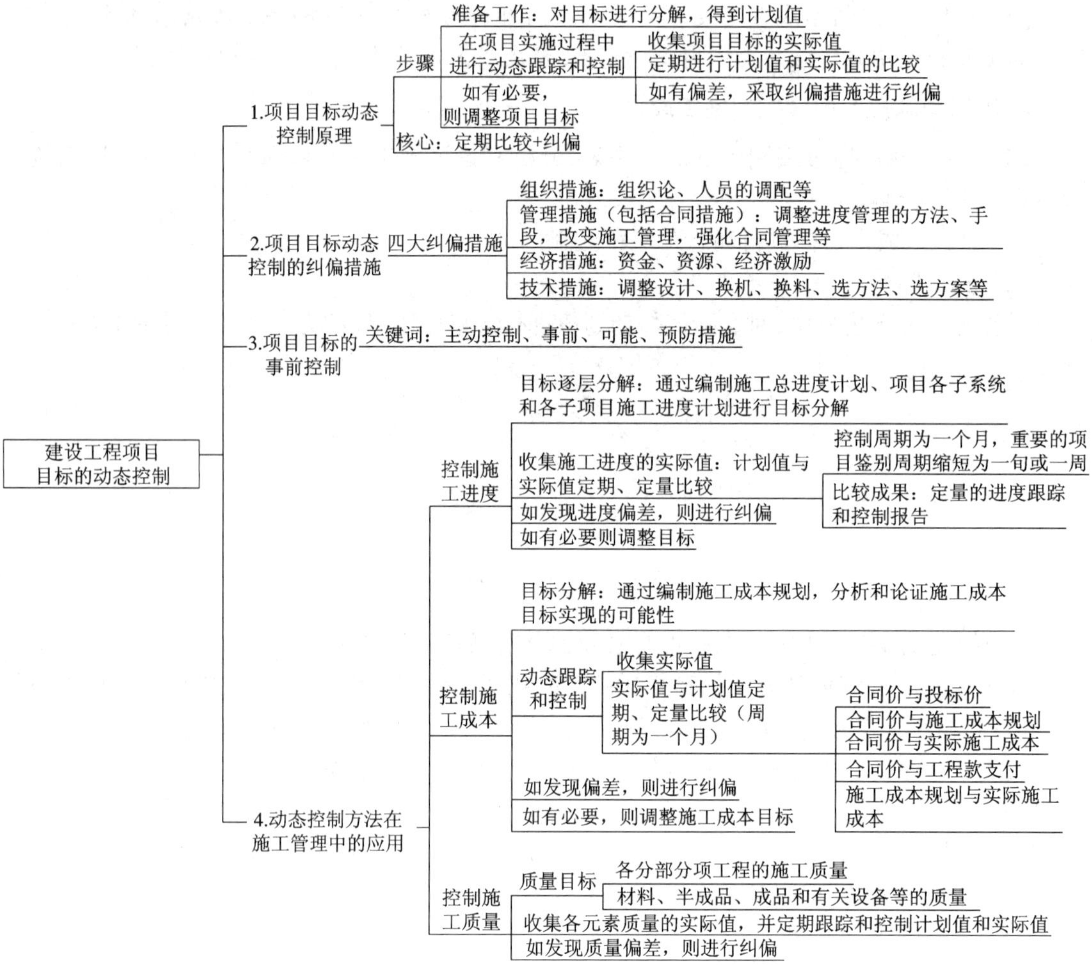

图 1-4-3　建设工程项目目标的动态控制

第 5 节　施工企业项目经理的任务和责任

☆知识点概括

1. 我国项目经理与国际上项目经理的特点
2.《建设工程施工合同(示范文本)》中涉及项目经理的条款
3. 施工企业项目经理的管理权力与任务
4. 施工企业项目经理的责任

☆知识点剖析

1　我国项目经理与国际上项目经理的特点

建筑施工企业项目经理（简称项目经理），是指受企业法定代表人委托对工程项目施工过程全面负责的项目管理者，是建筑施工企业法定代表人在工程项目上的代表人。

建造师是一种专业人士的名称，而项目经理是一个工作岗位的名称，应注意这两个概念的区别和关系。取得建造师执业资格的人员的知识和能力符合建造师执业的要求，但其在企业中的工作岗位则由企业视工作需要和安排而定。

1. 我国项目经理的特点

我国项目经理的特点可用图 1-5-1 表示。

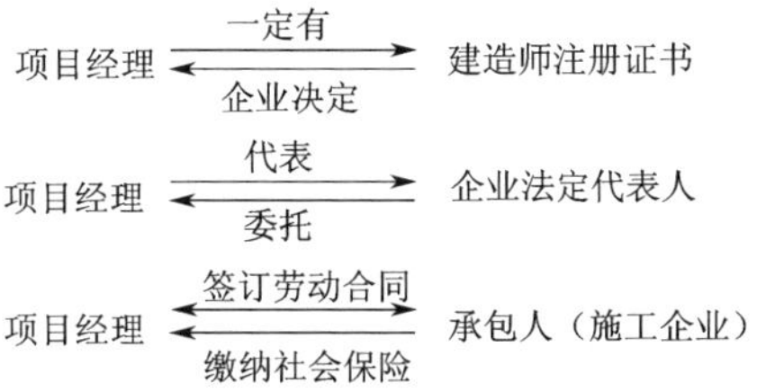

图 1-5-1　我国项目经理的特点

【**注**】建造师是一种专业人士的名称，项目经理是一个工作岗位的名称。

【**提示**】想成为项目经理须有建造师注册证书，但能不能成为项目经理由企业决定。项目经理受企业法定代表人的委托，是管理岗位。

2. 国际上项目经理的特点

（1）仅是一个项目的管理班子的负责人，不一定是（多数不是）一个企业法定代表人在工程项目上的代表人。

（2）主要任务仅限于主持项目管理工作，即项目目标的控制和组织协调。

（3）项目经理是一个管理岗位，不是一个技术岗位。

（4）项目经理是一个组织系统的管理者，是否有人事权、财权和物资采购权等管理权限由其上级确定。

【**提示**】我国项目经理的权限比国外项目经理大很多。

2 《建设工程施工合同（示范文本）》中涉及项目经理的条款

《建设工程施工合同（示范文本）》（GF—2017—0201）中涉及项目经理的条款如下。

3.2　项目经理

3.2.1　项目经理应为合同当事人所确认的人选，并在专用合同条款中明确项目经理的姓名、职称、注册执业证书编号、联系方式及授权范围等事项，项目经理经承包人授权后代表承包人负责履行合同。项目经理应是承包人正式聘用的员工，承包人应向发包人提交项目经理与承包人之间的劳动合同,以及承包人为项目经理缴纳社会保险的有效证明。承包人不提交上述文件的,项目经理无权履行职责,发包人有权要求更换项目经理,由此增加的费用和(或)延误的工期由承包人承担。

项目经理应常驻施工现场,且每月在施工现场时间不得少于专用合同条款约定的天数。项目经理不得同时担任其他项目的项目经理。项目经理确需离开施工现场时,应事先通知监理人,并取得发包人的书面同意。项目经理的通知中应当载明临时代行其职责的人员的注册执业资格、管理经验等资料,该人员应具备履行相应职责的能力。

承包人违反上述约定的,应按照专用合同条款的约定,承担违约责任。

3.2.2 项目经理按合同约定组织工程实施。在紧急情况下为确保施工安全和人员安全,在无法与发包人代表和总监理工程师及时取得联系时,项目经理有权采取必要的措施保证与工程有关的人身、财产和工程的安全,但应在 48 小时内向发包人代表和总监理工程师提交书面报告。

3.2.3 承包人需要更换项目经理的,应提前 14 天书面通知发包人和监理人,并征得发包人书面同意。通知中应当载明继任项目经理的注册执业资格、管理经验等资料,继任项目经理继续履行第 3.2.1 项约定的职责。未经发包人书面同意,承包人不得擅自更换项目经理。承包人擅自更换项目经理的,应按照专用合同条款的约定承担违约责任。

3.2.4 发包人有权书面通知承包人更换其认为不称职的项目经理,通知中应当载明要求更换的理由。承包人应在接到更换通知后 14 天内向发包人提出书面的改进报告。发包人收到改进报告后仍要求更换的,承包人应在接到第二次更换通知的 28 天内进行更换,并将新任命的项目经理的注册执业资格、管理经验等资料书面通知发包人。继任项目经理继续履行第 3.2.1 项约定的职责。承包人无正当理由拒绝更换项目经理的,应按照专用合同条款的约定承担违约责任。

3.2.5 项目经理因特殊情况授权其下属人员履行其某项工作职责的,该下属人员应具备履行相应职责的能力,并应提前 7 天将上述人员的姓名和授权范围书面通知监理人,并征得发包人书面同意。

【提示】注意几个时间,7 天(项目经理授权下属),14 天、28 天(更换项目经理),48 小时(人身、财产损失),易混淆。

3 施工企业项目经理的管理权力与任务

1. 施工企业项目经理的管理权力

项目经理应当按工程承包合同,在企业法定代表人授权的范围内,行使以下管理权力:

(1)组织项目管理班子;

(2)以企业法定代表人的代表身份处理与所承担的工程项目有关的外部关系,受托签署有关合同;

(3)指挥工程项目建设的生产经营活动,调配并管理进入工程项目的人力、资源、物资、机械设备等生产要素;

(4)选择施工作业队伍;

(5)进行合理的经济分配;

(6)企业法定代表人授予的其他管理权力。

【**提示**】项目经理行使管理权力均在企业授权的前提条件下。

2. 施工企业项目经理的任务

施工企业项目经理往往是一个施工项目施工方的总组织者、总协调者和总指挥者,其任务包括项目的行政管理和项目管理两个方面,其在项目管理方面的主要任务是“三控三管一协调”。

【**注**】业主是建设工程项目生产过程的总集成者、总组织者。

4　施工企业项目经理的责任

项目管理目标责任书应在项目实施前,由法定代表人或其授权人与项目经理协商制定。

1. 项目管理目标责任书

(1)项目管理目标责任书签订时间:项目实施前。

(2)项目管理目标责任书签订人:由法定代表人或其授权人与项目经理协商制定。

(3)编制项目管理目标责任书的依据:

①项目合同文件;

②组织管理制度;

③项目管理规划大纲;

④组织经营方针和目标;

⑤项目特点和实施条件与环境。

2. 项目经理的职责

项目经理的职责包括:

(1)项目管理目标责任书中规定的职责;

(2)工程质量安全责任承诺书中规定应履行的职责;

(3)组织或参与编制项目管理规划大纲、项目管理实施规划,对项目目标进行系统管理;

(4)主持制定并落实质量、安全技术措施和专项方案,负责相关的组织协调工作;

(5)对各类资源进行质量监控和动态管理;

(6)对进场的机械、设备、工器具的安全、质量和使用进行监控;

(7)建立各类专业管理制度并组织实施;

(8)制定有效的安全、文明和环境保护措施并组织实施;

(9)组织或参与评价项目管理绩效;

(10)进行授权范围内的任务分解和利益分配;

(11)按规定完善工程资料,规范工程档案文件,准备工程结算和竣工资料,参与工程竣工验收;

(12)接受审计,处理项目管理机构解体的善后工作;

(13)协助和配合组织项目检查、鉴定和评奖申报;

(14)配合组织完善缺陷责任期的相关工作。

3. 项目经理的权限

项目经理的权限包括：

（1）参与项目招标、投标和合同签订；

（2）参与组建项目管理机构；

（3）参与组织项目各阶段的重大决策；

（4）主持项目管理机构的工作；

（5）决定授权范围内的项目资源使用；

（6）在组织制度的框架下制定项目管理机构的管理制度；

（7）参与选择并直接管理具有相应资质的分包人；

（8）参与选择大宗资源的供应单位；

（9）在授权范围内与项目相关方进行直接沟通；

（10）法定代表人和组织授予的其他权力。

【总结】"五参与二授权一主持一制定"。

【提示】项目经理的职责与权限易混淆，应掌握关键词。权限可简记为"五参与二授权一主持一制定"。注意"进行授权范围内的利益分配"属于项目经理的职责而不是权限。

4. 项目经理的责任

（1）项目经理对施工承担全面管理的责任。工程项目施工应建立以项目经理为首的生产经营管理系统，实行项目经理负责制。项目经理处于中心地位，对工程项目施工负有全面管理责任。

（2）项目经理由于主观原因或工作失误有可能承担法律责任和经济责任。政府主管部门追究的主要是其法律责任，企业追究的主要是其经济责任。但是如果由于项目经理的违法行为而导致企业产生损失，企业也有可能追究其法律责任。

☆知识点导图（图 1-5-2）

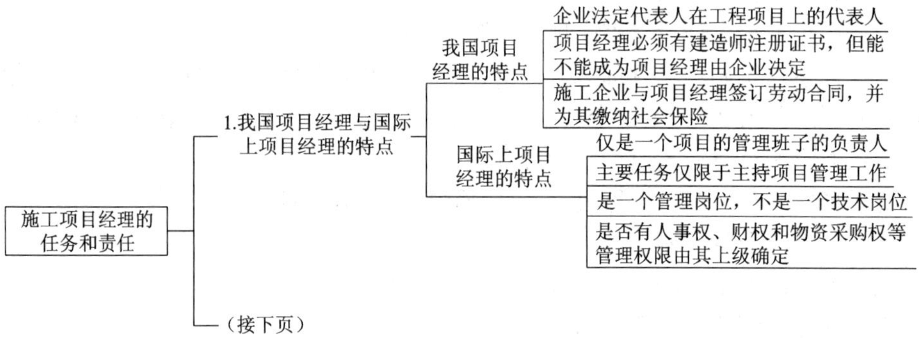

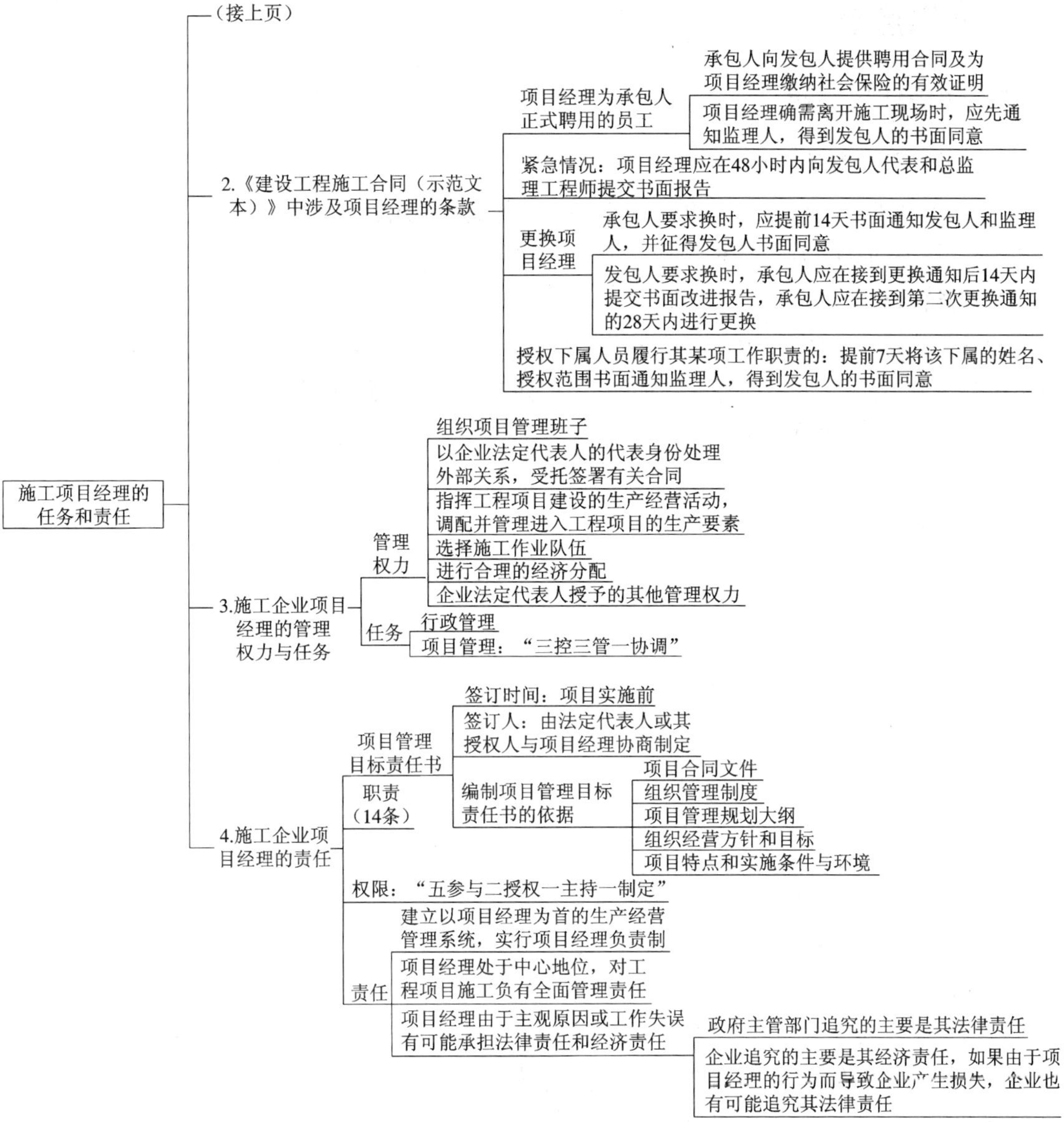

图 1-5-2　施工企业项目经理的任务和责任

第 6 节　建筑装饰工程施工风险管理

☆知识点概括

1. 风险和风险量
2. 施工风险的类型
3. 施工风险管理的工作任务和方法

☆知识点剖析

1 风险和风险量

1. 风险和风险量的内涵

风险:不利事件或事故发生的概率(频率)及其损失的组合。

风险量:不确定的损失程度和损失发生的概率。

2. 风险区域

若某事件经过风险评估处于风险区域 A(图 1-6-1),则应采取措施降低其概率,以使它移位至风险区域 B;或采取措施降低其损失量,以使它移位至风险区域 C。对处于风险区域 B 和 C 的事件,应采取措施使其移位至风险区域 D。

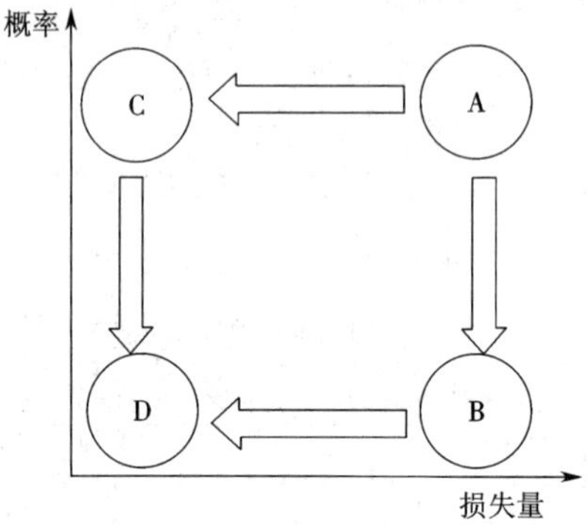

图 1-6-1 风险区域坐标图

【提示】需要掌握横、纵坐标分别代表什么意思,横坐标代表损失量,纵坐标代表概率;还要掌握四个风险区域的位置关系。

3. 风险等级

风险损失等级包括直接经济损失等级、周边环境影响损失等级以及人员伤亡等级,当三者同时存在时,以较高的等级作为该风险事件的损失等级。《建设工程项目管理规范》(GB/T 50326—2017)将工程建设风险事件按照风险程度分为以下四级。

(1)一级风险:风险等级最高,风险后果是灾难性的,并造成恶劣的社会影响和政治影响。

(2)二级风险:风险等级较高,风险后果严重,可能在较大范围内造成破坏或人员伤亡。

(3)三级风险:风险等级一般,风险后果一般,对工程建设可能造成破坏的范围较小。

(4)四级风险:风险等级较低,风险后果在一定条件下可以忽略,对工程本身以及人员等不会造成较大损失。

风险等级由风险事件发生概率等级和风险损失等级间的关系矩阵确定,见表 1-6-1。

表 1-6-1　风险事件发生概率等级和风险损失等级间的关系矩阵

风险等级		风险损失等级			
		1	2	3	4
风险事件发生概率等级	1	Ⅰ级	Ⅰ级	Ⅱ级	Ⅱ级
	2	Ⅰ级	Ⅱ级	Ⅱ级	Ⅲ级
	3	Ⅱ级	Ⅱ级	Ⅲ级	Ⅲ级
	4	Ⅱ级	Ⅲ级	Ⅲ级	Ⅳ级

【**总结**】“1-1-2-2-3-3-4”。

2　施工风险的类型

建设工程项目的风险包括项目决策的风险和项目实施的风险。项目实施的风险主要包括设计的风险、施工的风险以及材料、设备和其他建设物资的风险等。建设工程项目施工的风险有多种分类方法，表 1-6-2 就构成风险的因素进行了分类。

表 1-6-2　施工风险的类型

类型	举例
组织风险（人员的知识、经验、能力）	（1）承包商管理人员和一般技工的知识、经验和能力； （2）施工机械操作人员的知识、经验和能力； （3）损失控制和安全管理人员的知识、经验和能力等
经济与管理风险	（1）工程资金供应条件； （2）合同风险； （3）现场与公用防火设施的可用性及数量； （4）事故防范措施和计划； （5）人身安全控制计划； （6）信息安全控制计划等
工程环境风险	（1）自然灾害； （2）岩土地质条件和水文地质条件； （3）气象条件； （4）引起火灾和爆炸的因素等
技术风险	（1）工程设计文件； （2）工程施工方案； （3）工程物资； （4）工程机械等

【**提示**】组织风险是“人”的方面出了问题。一般有“计划”字样的都属于经济与管理风险。

3　施工风险管理的工作任务和方法

施工风险管理过程包括施工全过程的风险识别、风险评估、风险应对和风险监控（表

1-6-3）。

表 1-6-3　施工风险管理的工作流程

工作流程	具体内容
风险识别	（1）收集与施工风险有关的信息； （2）确定风险因素； （3）编制施工风险识别报告
风险评估	（1）分析各种风险发生的概率； （2）分析各种风险的损失量； （3）确定各种风险的风险量和风险等级
风险应对	可采取风险规避、减轻、自留、转移及其组合等对策，向保险公司投保是风险转移的一种措施
风险监控	预测可能发生的风险，对其进行监控并提出预警

1. 风险识别

风险识别的任务是识别施工全过程存在哪些风险，其工作程序包括：

（1）收集与施工风险有关的信息；

（2）确定风险因素；

（3）编制施工风险识别报告。

2. 风险评估

风险评估包括以下工作：

（1）利用已有数据资料（主要是类似项目有关风险的历史资料）和相关专业方法分析各种风险发生的概率；

（2）分析各种风险的损失量，包括可能发生的工期损失、费用损失，以及对工程的质量、功能和使用效果等方面的影响；

（3）根据各种风险发生的概率和损失量，确定各种风险的风险量和风险等级。

3. 风险应对

风险应对指的是针对项目风险而采取相应的对策。

常用的风险对策包括风险规避、减轻、自留、转移及其组合等。对难以控制的风险，向保险公司投保是风险转移的一种措施。

4. 风险监控

在施工过程中应收集和分析与风险相关的各种信息，预测可能发生的风险，对其进行监控并提出预警。

【**提示**】掌握风险管理的工作流程：识别→评估→应对→监控，并掌握相应的内容。

☆知识点导图（图 1-6-2）

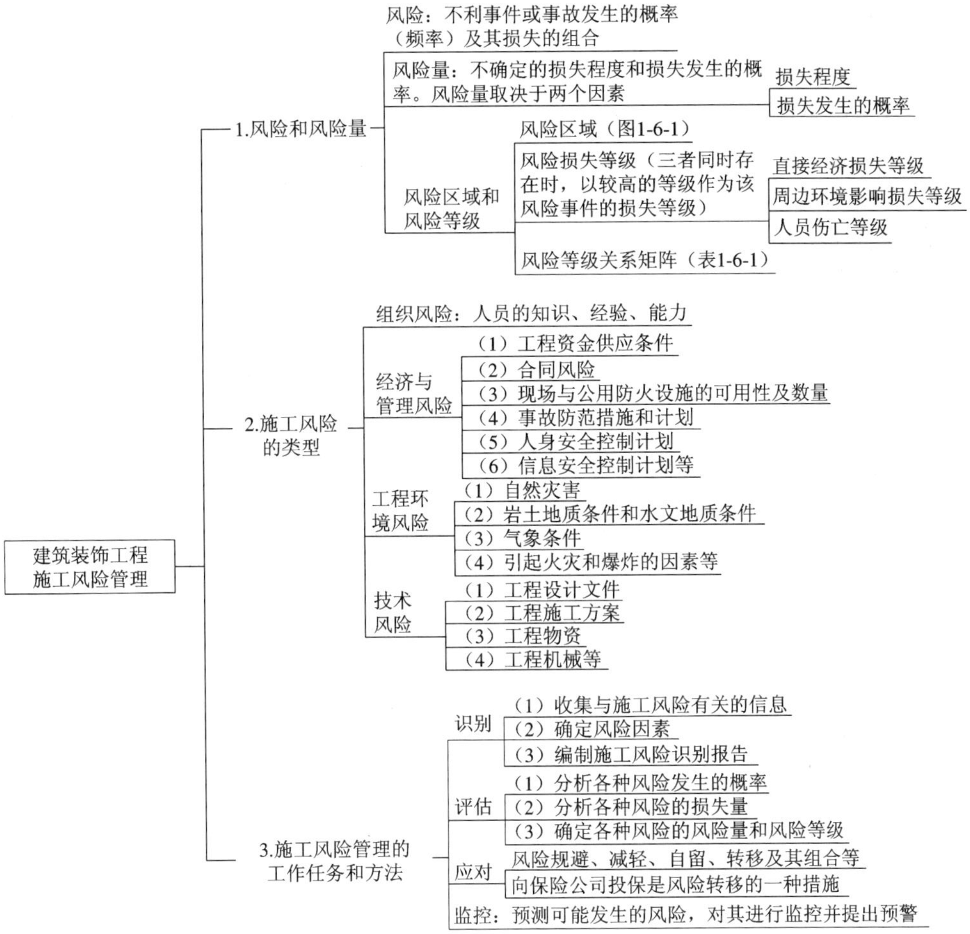

图 1-6-2　建筑装饰工程施工风险管理

第 7 节　建设工程监理的工作任务和工作方法

☆知识点概括

1. 我国推行建设工程监理制度的目的
2. 建设工程监理的工作性质
3.《建设工程质量管理条例》中有关监理的规定
4.《建设工程安全生产管理条例》中有关监理工程师的规定
5. 建设工程监理的工作方法
6. 建设工程项目实施的几个主要阶段监理工作的主要任务

☆知识点剖析

1 我国推行建设工程监理制度的目的

建设工程监理是指具有相应资质的工程监理企业接受建设单位的委托，承担其项目管理工作，并代表建设单位对承建单位的建设行为进行监控的专业化服务活动。其项目管理工作应包括投资控制、进度控制、质量控制、合同管理、信息管理和组织与协调。工程监理企业是指取得企业法人营业执照，具有监理资质证书的依法从事建设业务活动的经济组织。我国推行建设工程监理制度的目的：

（1）确保工程建设质量；

（2）提高工程建设水平；

（3）充分发挥投资效益。

【提示】推行建设工程监理制度的目的没有进度控制。

2 建设工程监理的工作性质

工程监理企业是建筑市场的主体之一，建设工程监理是一种高智能的有偿技术服务，在国际上把这类服务归为工程咨询（工程顾问）服务。我国的建设工程监理属于国际上业主方项目管理的范畴。从事建设工程监理活动，应当遵守国家有关法律、行政法规，严格执行工程建设程序、国家工程建设强制性标准和有关标准、规范，遵循守法、诚信、公平、科学的原则，认真履行委托监理合同。

工程监理企业与建设单位应当在实施建设工程监理前以书面形式签订委托监理合同。合同条款中应当明确合同履行期限，工作范围和内容，双方的责任、权利和义务，监理酬金及其支付方式，合同争议的解决办法等。

（1）服务性：不保证项目目标一定实现。

（2）科学性：监理机构拥有从事工程监理工作的专业人士——监理工程师。

（3）独立性：在组织上、经济上不能依附监理工作的对象。

（4）公平性：在维护业主的合法权益时，不得损害承包商的合法权益。

【注】建设工程监理是一种高智能的有偿技术服务，在国际上属于业主方项目管理的范畴。

【提示】建设工程监理的特点可简记如下：服务性——不保证目标实现；科学性——专业人士；独立性——不依附监理对象；公平性——不偏袒业主，不损害承包商的合法权益。

3 《建设工程质量管理条例》中有关监理的规定【必会】

（1）工程监理单位应当依照法律、法规以及有关技术标准、设计文件和建设工程承包合同，代表建设单位对施工质量实施监理，并对施工质量承担监理责任。

（2）工程监理单位应当选派具备相应资格的总监理工程师和监理工程师进驻施工现场。未经监理工程师签字，建筑材料、建筑构配件和设备不得在工程上使用或者安装，施工单位不得进行下一道工序的施工。未经总监理工程师签字，建设单位不拨付工程款，不进行竣工验收。

（3）监理工程师应当按照工程监理规范的要求，采取旁站、巡视和平行检验等形式，对建设工程实施监理。

【提示】总监理工程师的签字权强调人事权、财权；监理工程师的签字权强调施工过程中的权限。

4 《建设工程安全生产管理条例》中有关监理工程师的规定【必会】

（1）工程监理单位应当审查施工组织设计中的安全技术措施或者专项施工方案是否符合工程建设强制性标准。

（2）工程监理单位在实施监理过程中，发现存在安全事故隐患的，应当要求施工单位整改；情况严重的，应当要求施工单位暂时停止施工，并及时报告建设单位。施工单位拒不整改或者不停止施工的，工程监理单位应当及时向有关主管部门报告。

（3）工程监理单位和监理工程师应当按照法律、法规和工程建设强制性标准实施监理，并对建设工程安全生产承担监理责任。

（4）违反《建设工程安全生产管理条例》的规定，工程监理单位有下列行为之一的，责令限期改正；逾期未改正的，责令停业整顿，并处10万元以上30万元以下的罚款；情节严重的，降低资质等级，直至吊销资质证书；造成重大安全事故，构成犯罪的，对直接责任人员，依照《中华人民共和国刑法》（简称《刑法》）有关规定追究刑事责任；造成损失的，依法承担赔偿责任。

①未对施工组织设计中的安全技术措施或者专项施工方案进行审查的。

②发现安全事故隐患未及时要求施工单位整改或者暂时停止施工的。

③施工单位拒不整改或者不停止施工，未及时向有关主管部门报告的。

④未依照法律、法规和工程建设强制性标准实施监理的。

【提示】监理承担的是监理的责任，惩罚力度逐级增大。

5　建设工程监理的工作方法【必会】

（1）实施建设工程监理前，建设单位应当将委托的工程监理单位、监理的内容及监理权限书面通知被监理的建筑施工企业。

（2）工程监理人员认为工程施工不符合设计要求、施工技术标准、合同约定时，有权要求建筑施工企业改正。

（3）工程监理人员认为工程设计不符合建筑工程质量标准或者合同约定时，应当报告建设单位要求设计单位改正。

【提示】施工不符合要求时，监理可以直接让施工单位改正；设计不符合要求时，监理无法直接让设计单位改正，因为监理与设计单位无合同关系。

1. 建设工程监理的工作程序

（1）编制建设工程监理规划。

（2）按工程建设进度，分专业编制建设工程监理实施细则。

（3）按照建设工程监理实施细则进行监理。

（4）参与工程竣工预验收，签署建设工程监理意见。

（5）建设工程监理业务完成后，向项目法人提交建设工程监理档案资料。

2. 监理规划和监理实施细则的区别

图 1-7-1 为监理规划和监理实施细则的对比分析。

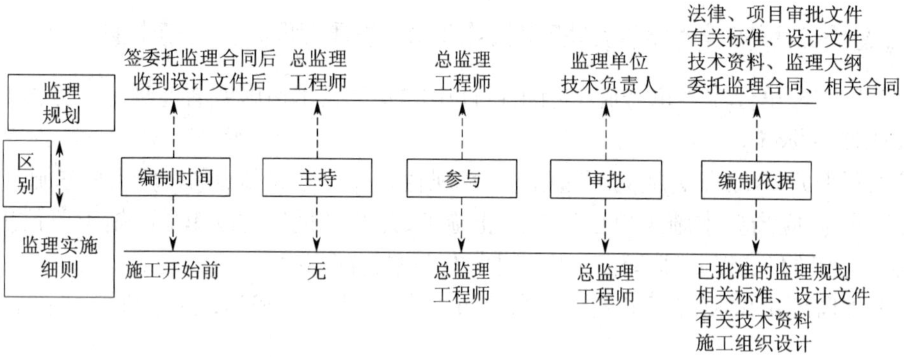

图 1-7-1　监理规划和监理实施细则的对比分析

【提示】监理规划由谁编制，由谁审批，注意与监理实施细则的区别。

3. 旁站监理

（1）旁站监理是指项目监理机构对工程的关键部位或关键工序的施工质量进行的监督活动。

（2）施工企业应当根据监理企业制定的旁站监理方案，在需要实施旁站监理的关键部位、关键工序施工前 24 小时，书面通知监理企业派驻工地的项目监理机构。

（3）旁站监理人员的主要职责：

①检查施工企业现场质检人员到岗、特殊工种人员持证上岗以及施工机械、建筑材料准备情况；

②在现场跟班监督关键部位、关键工序的施工，执行施工方案以及工程建设强制性标准的情况；

③核查进场的建筑材料、建筑构配件、设备和商品混凝土的质量检验报告等，并可在现场监督施工企业进行检验或者委托具有资质的第三方进行复验；

④做好旁站监理记录和监理日记，保存旁站监理原始资料。

（4）凡旁站监理人员和施工企业现场质检人员未在旁站监理记录上签字的，不得进行下一道工序的施工。

（5）旁站监理人员实施旁站监理时，发现施工企业有违反工程建设强制性标准的行为的，有权责令施工企业立即整改；发现其施工活动已经或者可能危及工程质量的，应当及时向监理工程师或者总监理工程师报告，由总监理工程师下达局部暂停施工指令或者采取其他应急措施。

【提示】旁站监理时间为 24 小时；旁站监理的权限为不得进行下一道工序的施工，责令整改；总监理工程师下达局部暂停施工指令。

6　建设工程项目实施的几个主要阶段监理工作的主要任务(参考《建设工程监理规范》(GB/T 50319—2013))

1. 设计阶段监理工作的主要任务

以下工作内容视业主的需求而定,规范并没有做出统一的规定。

(1)协助编写工程勘察设计任务书。

(2)协助组织建设工程设计方案竞赛或设计招标,协助业主选择勘测设计单位。

(3)协助拟订和商谈设计委托合同。

(4)配合设计单位开展技术经济分析,参与设计方案的比选。

(5)参与设计协调工作。

(6)参与主要材料和设备的选型(视业主的需求而定)。

(7)审核或参与审核工程预算、概算和施工图预算。

(8)审核或参与审核主要材料和设备清单。

(9)参与检查设计文件是否满足施工的需求。

(10)设计进度控制。

(11)参与组织设计文件的报批等。

2. 施工招标阶段监理工作的主要任务

以下工作内容视业主的需求而定,规范并没有做出统一的规定。

(1)拟订或参与拟订建设工程施工招标方案。

(2)准备建设工程施工招标条件。

(3)协助业主办理招标申请。

(4)参与或协助编写施工招标文件。

(5)参与建设工程施工招标的组织工作。

(6)参与施工合同的商签。

3. 材料和设备采购供应阶段监理工作的主要任务

对于由业主负责采购的材料和设备等物资,监理工程师应负责制订计划,监督合同的执行。具体内容如下。

(1)制订或参与制订材料和设备供应计划及相应的资金需求计划。

(2)通过对材料和设备的质量、价格、供货期和售后服务等条件的分析和比选,协助业主确定材料和设备等物资的供应单位。

(3)起草并参与拟订材料和设备的订货合同。

(4)监督合同的实施。

4. 施工准备阶段监理工作的主要任务

(1)审查施工单位选择的分包单位的资质。

(2)监督检查施工单位质量保证体系及安全技术措施,完善质量管理程序与制度。

(3)参与设计单位向施工单位的设计交底。

(4)审查施工组织设计。

(5)在单位工程开工前检查施工单位的复测资料。

(6)对重点工程部位的中线和水平控制进行复查。

(7)审批一般单项工程和单位工程的开工报告。

5. 施工阶段监理工作的主要任务

1)施工阶段的质量控制

(1)核验施工测量放线,验收隐蔽工程、分部分项工程,签署分部分项工程和单位工程质量评定表。

(2)进行巡视、旁站和平行检验,对发现的质量问题应及时通知施工单位整改,并做好监理记录。

(3)审查施工单位报送的工程材料、构配件、设备的质量证明资料,抽检进场的工程材料、构配件的质量。

(4)审查施工单位提交的采用新材料、新工艺、新技术、新设备的论证材料及相关验收标准。

(5)检查施工单位的测量、检测仪器设备、度量衡定期检验的证明文件。

(6)监督施工单位对各类土木和混凝土试件按规定进行检查和抽查。

(7)监督施工单位认真处理施工中发生的一般质量事故,并认真做好记录。

(8)对大和重大质量事故以及其他紧急情况报告业主。

2)施工阶段的进度控制

(1)监督施工单位严格按照施工合同规定的工期组织施工。

(2)审查施工单位提交的施工进度计划,核查施工单位对施工进度计划的调整。

(3)建立工程进度台账,核对工程形象进度,按月、季和年向业主报告工程执行情况、工程进度以及存在的问题。

3)施工阶段的投资控制

(1)审核施工单位提交的工程款支付申请,签发或出具工程款支付证书,并报业主审核、批准。

(2)建立计量支付签证台账,定期与施工单位核对清算。

(3)审查施工单位提交的工程变更申请,协调处理施工费用索赔、合同争议等事项。

(4)审查施工单位提交的竣工结算申请。

4)施工阶段的安全生产管理

(1)依照法律法规和工程建设强制性标准,对施工单位的安全生产管理进行监督。

(2)编制安全生产事故的监理应急预案,并参加业主组织的应急预案演练。

(3)审查施工单位的工程项目安全生产规章制度、组织机构的建立及专职安全生产管理人员的配备情况。

(4)督促施工单位进行安全自查工作,巡视检查施工现场的安全生产情况,在实施监理的过程中发现存在安全事故隐患的,应签发监理工程师通知单,要求施工单位整改。情况严重的,总监理工程师应及时下达工程暂停指令,要求施工单位暂时停止施工,并及时报告业主。施工单位拒不整改或者不停止施工的,应通过业主及时向有关主管部门报告。

6. 竣工验收阶段监理工作的主要任务

(1)督促施工单位及时整理竣工文件和验收资料,检查并提出意见。

(2)审查施工单位提交的竣工验收申请,编写工程质量评估报告。

(3)组织工程预验收,参加业主组织的竣工验收,并签署竣工验收意见。

(4)编制、整理工程监理归档文件并提交给业主。

7. 施工合同管理方面的工作

(1)拟订合同结构和合同管理制度,包括合同的拟订、会签、协商、修改、审批、签署和保管等工作制度及流程。

(2)协助业主拟订工程的各类合同条款,并参与各类合同的商谈。

(3)合同执行情况的分析和跟踪管理。

(4)协助业主处理与工程有关的索赔事宜及合同争议事宜。

☆知识点导图(图1-7-2)

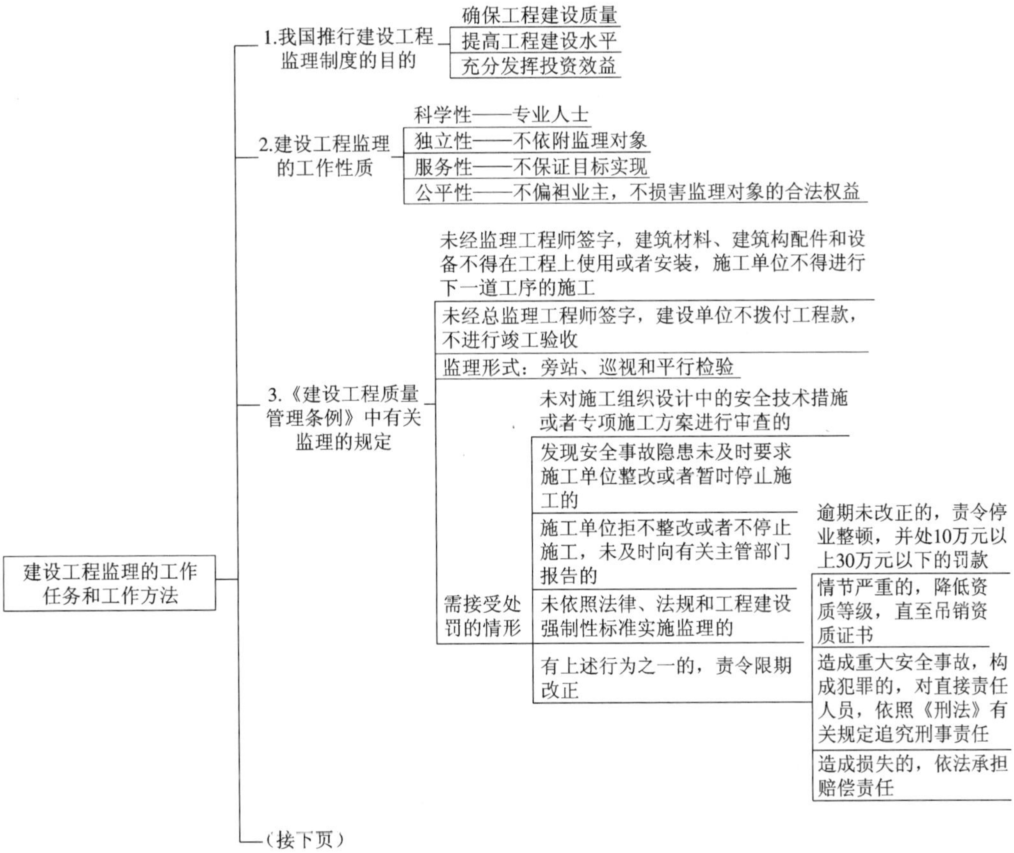

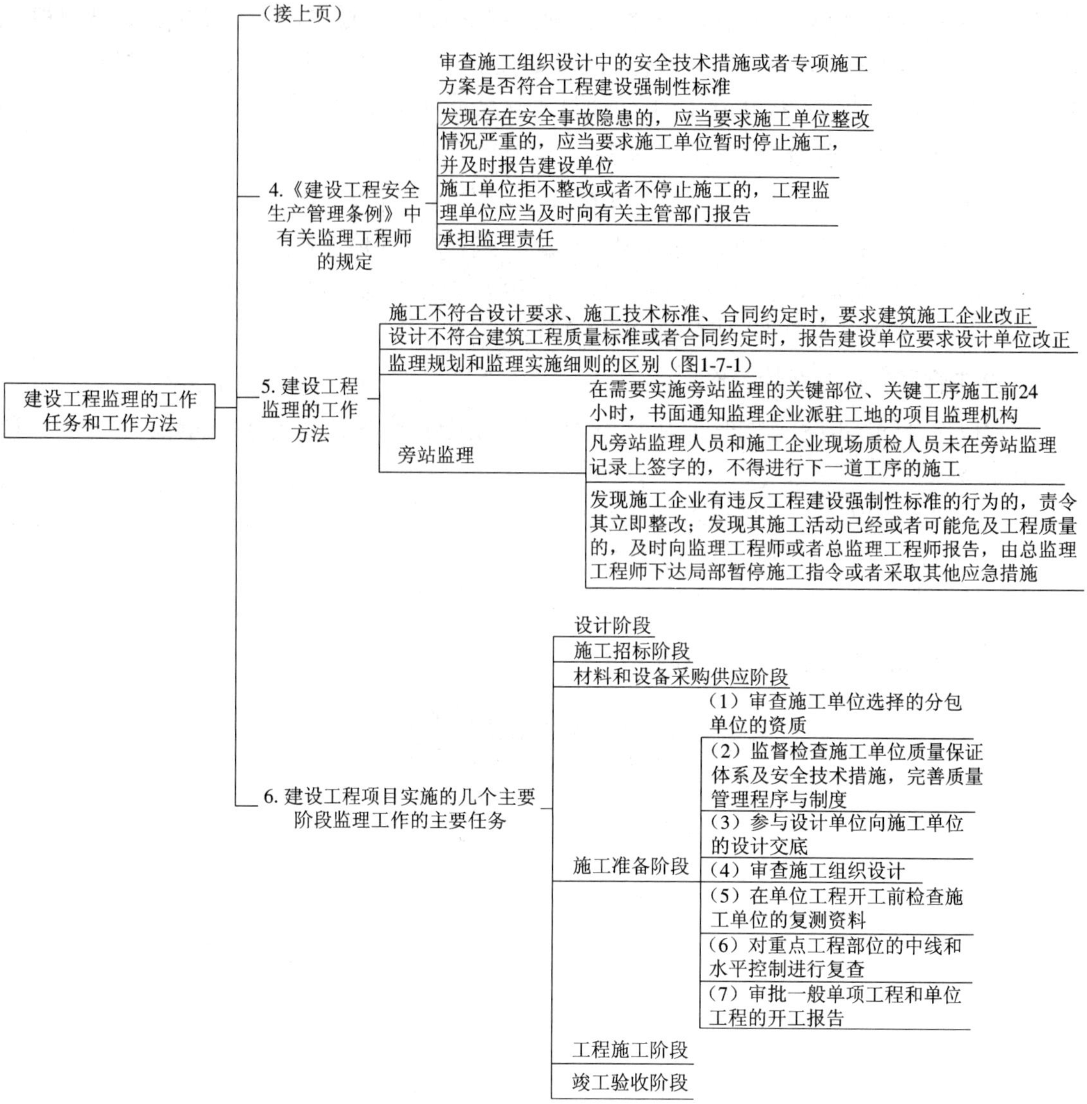

图 1-7-2　建设工程监理的工作任务和工作方法

章节习题

一、单项选择题

1. 对施工方而言，建设工程项目管理的"费用目标"是指项目的(　　)。

   A. 投资目标　　B. 成本目标　　C. 财务目标　　D. 经营目标

2. 以下关于项目全寿命周期的描述，正确的是(　　)。

   A. 项目的全寿命周期包括决策阶段、实施阶段

B. 决策阶段的任务是通过管理使目标得以实现

C. 实施阶段的任务是通过管理使目标得以实现

D. 编制项目建议书是在设计前准备阶段完成的

3. 甲单位拟新建一个电教中心，经设计招标，由乙设计院承担该项目的设计任务。下列目标中，不属于乙设计院的项目管理目标的是(　　)。

A. 项目投资目标　B. 设计进度目标　C. 施工质量目标　D. 设计成本目标

4. 对业主方的项目管理目标而言，进度目标是指项目的(　　)。

A. 立项时间目标　B. 竣工时间目标

C. 动用时间目标　D. 运营时间目标

5. 下列关于施工总承包管理方的主要特征的说法，正确的是(　　)。

A. 在平等条件下可通过竞标获得施工任务并参与施工

B. 不能参与业主的招标和发包工作

C. 对于业主选定的分包方，不承担对其的组织和管理责任

D. 只承担质量、进度控制和安全管理方面的管理任务和责任

二、多项选择题

1. 关于建设工程项目管理的概念，下列说法正确的有(　　)。

A. 项目策划指的是项目目标控制前的一系列筹划和准备工作

B. 自项目开始至项目完成指的是项目实施阶段

C. 费用目标对业主而言是成本目标，对施工方而言是投资目标

D. 项目决策阶段管理工作的主要任务是确定项目的定义

E. 项目实施阶段管理工作的主要任务是确定项目的定义

2. 下列关于建设工程项目管理的说法，正确的有(　　)。

A. 建设工程项目管理的设计阶段是实施阶段

B. 项目管理的核心任务是按期完成施工任务

C. 按项目管理学的基本理论，所有的建设工程均能成为项目管理的对象

D. 设计方的项目管理只服务于自身利益

E. 业主方项目管理的进度目标是项目动用的时间目标

3. 下列关于建设工程项目结构分解的说法，正确的有(　　)。

A. 项目结构分解应结合项目进展的总体部署

B. 项目结构分解应结合项目合同结构的特点

C. 每一个项目只能有一种项目结构分解方法

D. 项目结构分解应结合项目组织结构的特点

E. 单体项目也可进行项目结构分解

4. 施工组织总设计、单位工程施工组织设计及分部分项工程施工组织设计都具备的内容有(　　)。

A. 施工进度计划　B. 各项资源需求量计划

C. 施工部署　　　　　　　　　　D. 工程概况

E. 主要技术经济指标

5. 下列关于项目目标动态控制的说法,正确的有(　　)。

A. 强化合同管理是目标控制的组织措施

B. 动态控制首先应当进行计划值与实际值的比较

C. 管理职能分工属于管理措施

D. 落实项目资金是进度控制的经济措施

E. 调整设计、改进施工方法属于技术措施

第2章　建筑装饰工程施工成本管理

【章节概述】本章将讲解"三控三管"相关内容。本章一共3节，重点讲述成本的组成、成本的计算、合同价款调整等。本章知识点极为琐碎，学习时请结合习题巩固。

施工成本管理应从工程投标报价开始，直至项目竣工结算，保修金返还为止，其贯穿项目实施的全过程。施工成本管理要在保证工期和质量的情况下采取相应的管理措施，包括组织措施、经济措施、技术措施和合同措施，把成本控制在计划范围内，并进一步寻求最大限度的成本节约。

第1节　建筑安装工程费用项目的组成与计算

☆知识点概括

1. 按费用构成要素划分的建筑安装工程费用项目组成
2. 按工程造价形成划分的建筑安装工程费用项目组成
3. 建筑安装工程费用计算方法
4. 增值税的计算

☆知识点剖析

1　按费用构成要素划分的建筑安装工程费用项目组成【必会】

建筑安装工程费用（简称建安工程费）按照费用构成要素划分，由人工费、材料（包含工程设备，下同）费、施工机具使用费、企业管理费、利润、规费和税金组成，见图2-1-1、图2-1-2和图2-1-3。其中，人工费、材料费、施工机具使用费、企业管理费和利润包含在分部分项工程费、措施项目费、其他项目费中。

建安工程费（按费用构成要素划分）
- 人工费
  - 计时工资或计件工资
  - 奖金
  - 津贴、补贴
  - 加班加点工资
  - 特殊情况下支付的工资
- 材料费
  - 材料原价
  - 运杂费
  - 运输损耗费
  - 采购及保管费
- 施工机具使用费
  - 施工机械使用费
  - 仪器仪表使用费（维修、摊销）
- 企业管理费
- 利润
- 规费
- 税金

图 2-1-1　按费用构成要素划分的建筑安装工程费用项目组成 1

【提示】“人工费”涉及三次，注意区别。图 2-1-1 中的第一个“人工费”是一线生产工人的工资，包括五项费用。

建安工程费（按费用构成要素划分）
- 人工费
- 材料费
- 施工机具使用费
  - 施工机械使用费
    - 折旧费
    - 大修费
    - 经常修理费
    - 安拆费及场外运输费
    - 人工费
    - 燃料动力费
    - 车船税费
  - 仪器仪表使用费
- 企业管理费
- 利润
- 规费
  - 社会保险费
    - 养老保险
    - 失业保险
    - 医疗保险
    - 生育保险
    - 工伤保险
  - 住房公积金
- 税金

图 2-1-2　按费用构成要素划分的建筑安装工程费用项目组成 2

【提示】图 2-1-2 中第二次提到的“人工费”指的是机上操作人员的人工费，如挖土机司机的工资。应注意大型机械安拆费及场外运输费不属于施工机械使用费的内容。

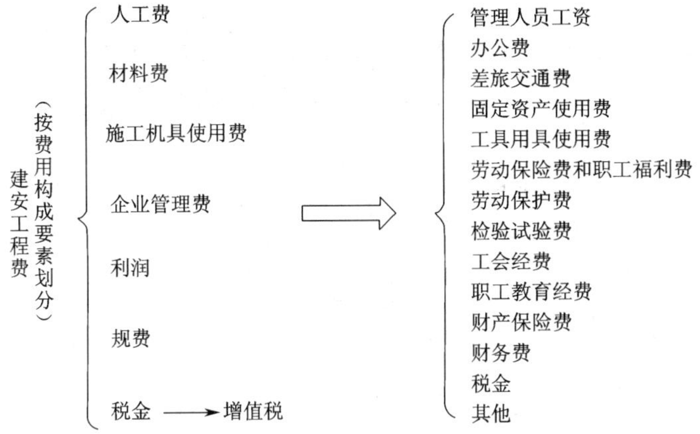

图 2-1-3　按费用构成要素划分的建筑安装工程费用项目组成 3

【提示】图 2-1-3 中第三次提到的“人工费”即管理人员工资，它是施工企业内部员工的管理人员支出的费用。劳动保护费与劳动保险费均属于企业管理费，应注意其与“社会保险费”的区别。

2　按工程造价形成划分的建筑安装工程费用项目组成【必会】

建筑安装工程费用按照工程造价形成划分为分部分项工程费、措施项目费、其他项目费、规费、税金，分部分项工程费、措施项目费、其他项目费三项又包含人工费、材料费、施工机具使用费、企业管理费和利润（图 2-1-4）。

1. 分部分项工程费

分部分项工程费是指各类专业工程的分部分项工程应予列支的各项费用。

1）专业工程

专业工程是指按现行国家计量规范划分的房屋建筑与装饰工程、仿古建筑工程、通用安装工程、市政工程、园林绿化工程、矿山工程、构筑物工程、城市轨道交通工程、爆破工程等各类工程。

2）分部分项工程

分部分项工程是指按现行国家计量规范对各专业工程划分的项目，如房屋建筑与装饰工程划分为土石方工程、地基处理与桩基工程、砌筑工程、钢筋及钢筋混凝土工程等。

各类专业工程的分部分项工程划分见现行国家标准或行业计量规范。

2. 措施项目费

措施项目费是指为完成建设工程施工，发生于该工程施工前和施工过程中的技术、生活、安全、环境保护等方面的费用。具体内容如下。

- 建安工程费（按工程造价形成划分）
  - 分部分项工程费
  - 措施项目费
    - 安全文明施工费
      - 环境保护费
      - 文明施工费
      - 安全施工费
      - 临时设施费
      - 建筑工人实名制管理费
    - 夜间施工增加费
    - 二次搬运费
    - 冬雨期施工增加费
    - 已完工程及设备保护费
    - 工程定位复测费
    - 特殊地区施工增加费
    - 大型机械设备进出场及安拆费
    - 脚手架工程费
    - ……
  - 其他项目费
    - 暂列金额
    - 计日工
    - 总承包服务费
  - 规费
  - 税金

图 2-1-4　按工程造价形成划分的建筑安装工程费用项目组成

1)安全文明施工费

(1)环境保护费:施工现场为达到环保部门的要求所需要的各项费用。

(2)文明施工费:施工现场文明施工所需要的各项费用。

(3)安全施工费:施工现场安全施工所需要的各项费用。

(4)临时设施费:施工企业为进行建设工程施工所必须搭设的生活和生产用临时建筑物、构筑物和其他临时设施的费用,包括临时设施的搭设费、维修费、拆除费、清理费、摊销费等。

(5)建筑工人实名制管理费:实施建筑工人实名制管理所需的费用。

2)夜间施工增加费

夜间施工增加费是指因夜间施工所发生的夜班补助费、夜间施工降效费、夜间施工照明设备摊销费及照明用电费等。

3)二次搬运费

二次搬运费是指因施工场地条件限制而导致的材料、构配件、半成品等一次运输不能到达堆放地点,必须进行二次或多次搬运所发生的费用。

4)冬雨期施工增加费

冬雨期施工增加费是指在冬期或雨期施工需增加临时设施,采取防滑、排除雨雪措施,人工及施工机械效率降低等发生的费用。

5)已完工程及设备保护费

已完工程及设备保护费是指在竣工验收前对已完工程及设备采取必要的保护措施所发生的费用。

6)工程定位复测费

工程定位复测费是指工程施工过程中进行全部施工测量放线和复测工作的费用。

7)特殊地区施工增加费

特殊地区施工增加费是指工程在沙漠或其边缘地区以及高海拔、高寒、原始森林等特殊地区施工增加的费用。

8)大型机械设备进出场及安拆费

大型机械设备进出场及安拆费是指机械整体或分体自停放场地运至施工现场或由一个施工地点运至另一个施工地点所发生的机械进出场运输与转移费用,机械在施工现场安装、拆卸所需的人工费、材料费、机械费、试运转费和安装所需的辅助设施的费用。

9)脚手架工程费

脚手架工程费是指施工需要的各种脚手架的搭、拆、运输费用以及脚手架购置费的摊销费或脚手架租赁费。

措施项目及其包含的内容详见各类专业工程的现行国家标准或行业计量规范。

3. 其他项目费

1)暂列金额

暂列金额是指建设单位在工程量清单中暂定并包括在工程合同价款中的一笔款项,用于施工合同签订时尚未确定或者不可预见的所需材料、工程设备、服务的采购,施工中可能发生的工程变更、合同约定调整因素出现时的合同价款调整以及发生的索赔、现场签证确认等的费用。

2)计日工

计日工是指在施工过程中,施工企业完成建设单位提出的施工图纸以外的零星项目或工作所需的费用。

3)总承包服务费

总承包服务费是指总承包人为配合、协调建设单位进行专业工程发包,对建设单位自行采购的材料、工程设备等进行保管以及施工现场管理、竣工资料汇总整理等服务所需的费用。

【提示】措施项目费有九项内容;其他项目费只包括暂列金额、计日工、总承包服务费三项内容,不包含暂估价。

3　建筑安装工程费用计算方法

1. 各费用构成要素计算方法

1)人工费

人工费计算公式:

$$人工费=\sum(工日消耗量\times日工资单价)$$

$$日工资单价=[生产工人平均月工资(计时、计件)+平均月奖金+津贴补贴+特殊情况下支付的工资]\div年平均每月法定工作日$$

【提示】计算人工费的日工资单价时不涉及加班加点的工资。

2)材料费【必会】

(1)材料费计算公式:

$$材料费=\sum(材料消耗量\times 材料单价)$$

材料单价=(材料原价+运杂费)×[1+运输损耗率(%)]×[1+采购保管费费率(%)]

(2)工程设备费计算公式:

$$工程设备费=\sum(工程设备量\times 工程设备单价)$$

工程设备单价=(设备原价+运杂费)×[1+采购保管费费率(%)]

【提示】材料单价包括材料原价、运杂费、运输损耗费、采购保管费,所以材料单价指的是"出库单价",而在施工现场内运输的损耗为材料消耗。

3)施工机具使用费

(1)施工机械使用费计算公式:

$$施工机械使用费=\sum(施工机械台班消耗量\times 施工机械台班单价)$$

施工机械台班单价=台班折旧费+台班大修费+台班经常修理费+台班安拆费及场外运输费+台班人工费+台班燃料动力费+台班车船税费

(2)仪器仪表使用费计算公式:

仪器仪表使用费=仪器仪表摊销费+仪器仪表维修费

①折旧费计算公式【必会】:

$$折旧费=\frac{机械预算价格\times(1-残值率)}{耐用总台班数}$$

耐用总台班数=折旧年限×年工作台班

②大修费计算公式【必会】:

$$大修费=\frac{一次大修费\times 大修次数}{耐用总台班数}$$

【提示】折旧费、大修费计算公式属于常考公式,重点关注。

4)企业管理费

企业管理费计算公式:

企业管理费=计算基数×企业管理费费率

其中,企业管理费的计算基数根据工程造价管理机构的规定为定额人工费或定额人工费+定额机械费。

企业管理费费率的计算方法有以下三种。

(1)以人工费为计算基础:

$$企业管理费费率(\%)=\frac{生产工人年平均管理费}{年有效施工天数\times 人工单价}\times 100\%$$

(2)以人工费和机械费为计算基础:

$$企业管理费费率(\%)=\frac{生产工人年平均管理费}{年有效施工天数\times(人工单价+每一工日机械使用费)}\times 100\%$$

(3)以分部分项工程费为计算基础：

$$企业管理费费率(\%)=\frac{生产工人年平均管理费}{年有效施工天数\times 人工单价}\times 人工费占分部分项工程费的比例(\%)$$

5)利润

利润计算公式：

$$利润=计算基数\times 利润率$$

利润的计算基数根据工程造价管理机构的规定为定额人工费或定额人工费+定额机械费；利润率根据历年工程造价积累资料，结合市场实际情况确定。

6)规费

规费计算公式：

$$社会保险费和住房公积金=\sum(定额人工费\times 社会保险费和住房公积金费率)$$

7)税金

建筑安装工程费用的税金是指国家税法规定应计入建筑安装工程造价的增值税销项税额。增值税的计税方法包括一般计税方法和简易计税方法。

一般纳税人发生应税行为适用一般计税方法。小规模纳税人发生应税行为适用简易计税方法。

当采用一般计税方法时，建筑业增值税税率为 9%。

税前工程造价为人工费、材料费、施工机具使用费、企业管理费、利润和规费之和。

2. 建筑安装工程计价公式

1)分部分项工程费【必会】

分部分项工程费计算公式：

$$分部分项工程费=\sum(分部分项工程量\times 综合单价)$$

其中，综合单价包括人工费、材料费、施工机具使用费、企业管理费和利润以及一定范围的风险费用。

2)措施项目费

(1)可计量的措施项目费，根据综合单价计算，即

$$措施项目费-\sum(措施项日工程量\times 综合单价)$$

例如混凝土模板、脚手架、垂直运输等的费用。

(2)不可计量的措施项目费，按项计量。

①安全文明施工费：

$$安全文明施工费=计算基数\times 安全文明施工费费率(\%)$$

其中，计算基数为定额基价(定额分部分项工程费+定额中可以计量的措施项目费)、定额人工费或定额人工费+定额机械费，费率由工程造价管理机构根据各类专业工程的特点综合确定。

②夜间施工增加费：

夜间施工增加费 = 计算基数 × 夜间施工增加费费率(%)

③二次搬运费：

二次搬运费 = 计算基数 × 二次搬运费费率(%)

④冬雨期施工增加费：

冬雨期施工增加费 = 计算基数 × 冬雨期施工增加费费率(%)

⑤已完工程及设备保护费：

已完工程及设备保护费 = 计算基数 × 已完工程及设备保护费费率(%)

上述②至⑤项措施项目费的计算基数为定额人工费或定额人工费 + 定额机械费，费率由工程造价管理机构根据各类专业工程的特点和调查资料综合分析后确定。

综上，可以将企业管理费、利润、规费、措施项目费的计算基数列表对比(表 2-1-1)。

表 2-1-1　企业管理费、利润、规费、措施项目费四项费用计算基数

费用项目		计算基数
企业管理费		定额人工费或定额人工费 + 定额机械费
利润		定额人工费或定额人工费 + 定额机械费
规费		定额人工费
措施项目费	安全文明施工费	定额人工费或定额人工费 + 定额机械费 定额基价(定额分部分项工程费 + 定额中可以计量的措施项目费)
	其他不可计量的措施项目费	定额人工费或定额人工费 + 定额机械费

3)其他项目费【必会】

(1)暂列金额：在施工过程中由建设单位掌握使用，扣除合同价款调整后如有剩余，归建设单位。

(2)计日工：完成施工图纸以外的零星项目或工作的费用，由建设单位和施工企业按施工过程中的签证计价。

(3)总承包服务费：施工单位自主报价，在施工过程中按签约合同价执行。

【提示】暂列金额用于施工合同签订时尚未确定或者不可预见的所需材料、工程设备、服务的采购，施工中可能发生的工程变更、合同约定调整因素出现时的合同价款调整以及发生的索赔、现场签证确认等的费用，由业主掌握，剩余的归建设单位。

4)规费和税金【必会】

规费和税金：不得竞争。

【提示】不得竞争的费用有三项，即规费、税金、安全文明施工费，须掌握。

4　增值税的计算

在中华人民共和国境内销售货物或者加工、修理修配劳务(简称劳务)，销售服务、无形资产、不动产以及进口货物的单位和个人为增值税的纳税人，应当缴纳增值税。

建筑安装工程费用的增值税是指国家税法规定应计入建筑安装工程造价的增值税销项税额。增值税的计税方法包括一般计税方法和简易计税方法。一般纳税人发生应税行为适用一般计税方法。小规模纳税人发生应税行为适用简易计税方法。

增值税的计算如图 2-1-5 所示。

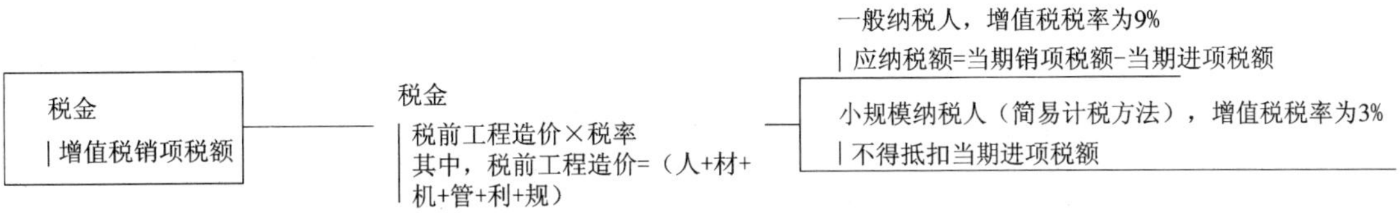

图 2-1-5　增值税的计算

☆知识点导图(图 2-1-6)

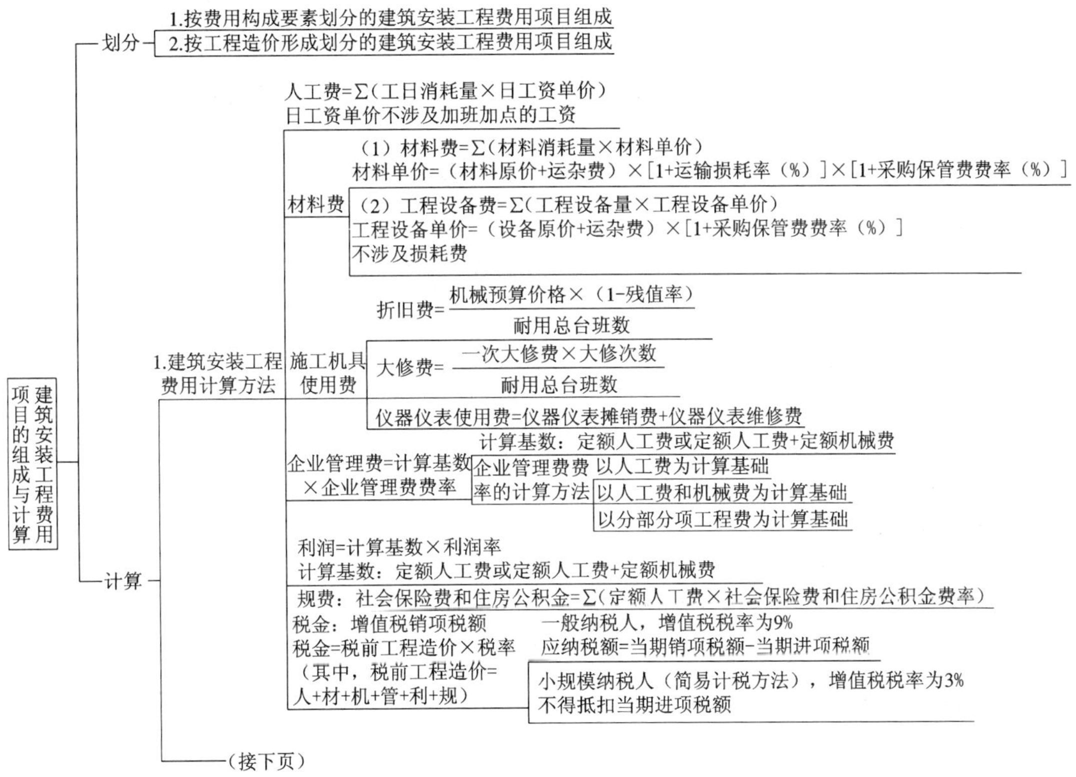

- 建筑安装工程费用项目的组成与计算
  - （接上页）
  - 计算
    - （接上页）
    - 2.计价公式
      - 分部分项工程费计算
        - 分部分项工程费=Σ（分部分项工程量×综合单价）
        - 综合单价包括人工费、材料费、施工机具使用费、企业管理费和利润以及一定范围的风险费用
      - 措施项目费计算
        - （1）可计量的措施项目费，根据综合单价计算 措施项目费=Σ（措施项目工程量×综合单价）
        - （2）不可计量的措施项目费，按项计算 措施项目费=Σ（计算基数×相应的费率） 安全文明施工费、夜间施工增加费、二次搬运费、冬雨期施工增加费、已完工程及设备保护费
      - 其他项目费计算
        - （1）暂列金额：在施工过程中由建设单位掌握使用，扣除合同价款调整后如有剩余，归建设单位
        - （2）计日工：完成施工图纸以外的零星项目或工作的费用，由建设单位和施工企业按施工过程中的签证计价
        - （3）总承包服务费：施工单位自主报价，在施工过程中按签约合同价执行
      - 规费和税金：不得竞争

图 2-1-6　建筑安装工程费用项目的组成与计算

第 2 节　建设工程定额

☆知识点概括

1. 建设工程定额的分类
2. 人工定额的编制
3. 材料消耗定额的编制
4. 施工机械台班使用定额的编制

☆知识点剖析

1　建设工程定额的分类

1. 建设工程定额概述

建设工程定额是工程建设中各类定额的总称。为对建设工程定额有一个全面的了解，可以按照不同的原则和方法对其进行科学的分类（图 2-2-1）。

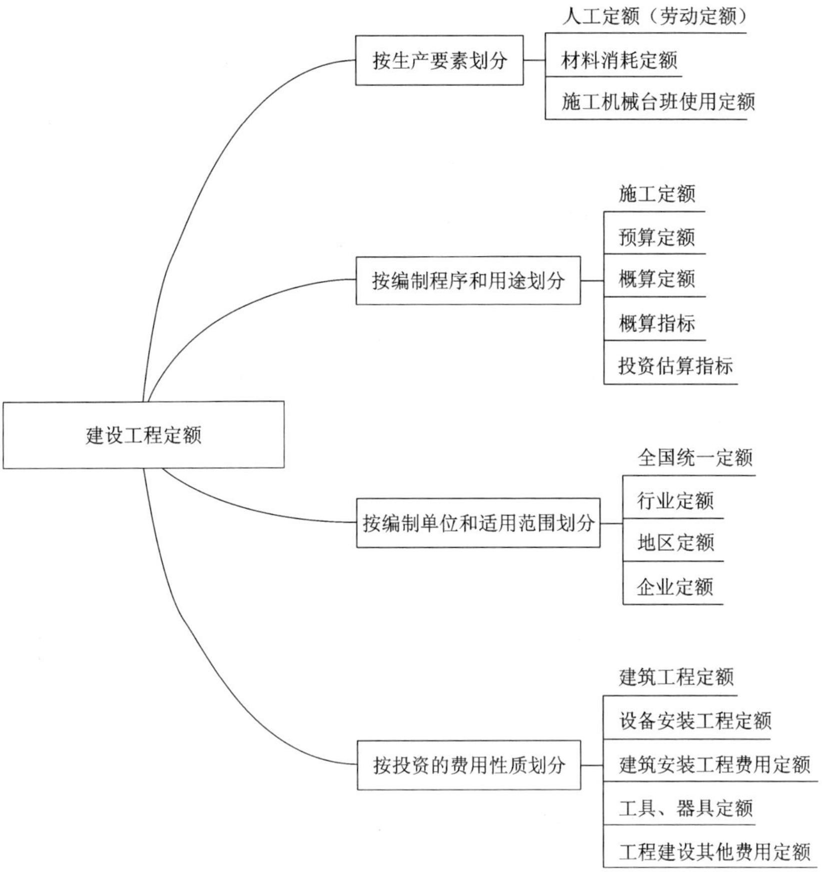

图 2-2-1　建设工程定额的分类

2. 按生产要素划分的三种定额

1）人工定额

人工定额也称劳动定额，是指在正常的施工技术和组织条件下，生产单位合格产品所必需的人工消耗量标准。

2）材料消耗定额

材料消耗定额是指在合理和节约使用材料的条件下，生产单位合格产品所必须消耗的一定规格的材料、成品、半成品和水、电等资源的数量标准。

3）施工机械台班使用定额

施工机械台班使用定额也称施工机械台班消耗定额，是指施工机械在正常施工条件下生产单位合格产品所必需的工作时间。它反映了合理、均衡地组织劳动和使用机械时，该机械在单位时间内的生产效率。

3. 按编制程序和用途划分的五种定额

1)施工定额

施工定额是以同一性质的施工过程——工序为研究对象,表示生产产品数量与时间消耗综合关系的定额。施工定额是施工企业(建筑安装企业)为了组织生产和加强管理,在企业内部使用的一种定额,属于企业定额。施工定额是建设工程定额中分项最细、定额子目最多的一种定额,也是建设工程定额中的基础性定额。施工定额由人工定额、材料消耗定额和施工机械台班使用定额组成。

施工定额是建筑安装、施工企业进行施工组织、成本管理、经济核算和投标报价的重要依据,属于企业定额。施工定额直接应用于施工项目的施工管理,用来编制施工作业计划、签发施工任务单、签发限额领料单,以及结算计件工资或计量奖励工资等。施工定额和施工生产结合紧密,施工定额的水平反映了施工企业生产与组织的技术水平和管理水平。施工定额也是编制预算定额的基础。

2)预算定额

预算定额是以建筑物或构筑物各个分部分项工程为对象编制的定额。预算定额是以施工定额为基础综合扩大编制的,也是编制概算定额的基础。其中的人工、材料和机械台班的消耗水平根据施工定额综合确定,定额项目的综合程度高于施工定额。预算定额是编制施工图预算的主要依据。

3)概算定额

概算定额是以扩大的分部分项工程为对象编制的。概算定额是编制扩大初步设计概算、确定建设项目投资额的依据。概算定额一般是在预算定额的基础上综合扩大而成的,每一项综合分项概算定额都包含数项预算定额。

4)概算指标

概算指标是概算定额的扩大与合并,它是以整个建筑物或构筑物为对象,以更为扩大的计量单位编制的。概算指标的设定和初步设计的深度相适应,是设计单位编制设计概算或建设单位编制年度投资计划的依据,也可作为编制投资估算指标的基础。

5)投资估算指标

投资估算指标通常是以独立的单项工程或完整的工程项目为计算对象确定的生产要素消耗的数量标准或项目费用标准,是根据已建工程或现有工程的价格数据和资料,经分析、归纳和整理编制而成的。投资估算指标是在项目建议书和可行性研究阶段编制投资估算、计算投资需要量时使用的一种指标,是合理确定建设工程项目投资的基础。

表 2-2-1 列出了按编制程序和用途划分的五种定额的计算。

表 2-2-1　按编制程序和用途划分的五种定额的计算

	施工定额	预算定额	概算定额	概算指标	投资估算指标
对象	同一性质的施工过程（工序）	分部分项工程	扩大的分部分项工程	整个建筑物或构筑物	独立的单项工程或完整的工程项目
用途	编制预算定额，编制作业计划，签发任务单和限额领料单	编制施工图预算的依据，编制概算定额的基础	编制扩大初步设计概算的依据	编制设计概算、投资估算指标的基础	可行性研究阶段编制投资估算的基础
性质	企业定额	社会定额			
其中，施工定额由人工定额、材料消耗定额、机械台班使用定额组成					

【提示】重点掌握各个指标的编制依据，由小到大的编制程序。注意对社会定额和企业定额的理解。

2　人工定额的编制

人工定额反映生产工人在正常施工条件下的劳动效率，表明每个工人生产单位合格产品所必须消耗的劳动时间，或者在一定的劳动时间中所生产的合格产品数量。

1. 人工定额的编制方法

1）拟订施工的正常条件

拟订施工的正常条件，就是规定执行定额时应该具备的条件，正常条件若不能满足，则可能达不到定额中的劳动消耗量标准，因此正确拟订施工的正常条件有利于定额的实施。

拟订施工的正常条件包括：拟订施工作业的内容；拟订施工作业的方法；拟订施工作业地点的组织；拟订施工作业人员的组织等。这几项简称“3W1H”。

2）拟订施工作业的定额时间

施工作业的定额时间是在拟订基本工作时间、辅助工作时间、准备与结束时间、不可避免的中断时间以及休息时间的基础上编制的。

3）编制人工定额的常用方法

表 2-2-2 列出了编制人工定额的常用方法。

表 2-2-2　编制人工定额的常用方法

编制方法	适用情况
技术测定法	采用技术方法得到各工序的工时消耗等资料，再分析得出人工定额
统计分析法	适用于施工条件正常、工序重复量大、统计工作制度健全的施工过程
比较类推法	同类产品规格多，适用于工序重复量大、工作量小的施工过程
经验估计法	通常作为一次性定额使用

【提示】区分四种不同的人工定额编制方法，掌握举例。

2. 人工定额的形式

1)时间定额

时间定额是在合理的劳动组织和合理使用材料的条件下，生产单位合格产品所必需的工作时间，包括准备与结束时间、基本工作时间、辅助工作时间、不可避免的中断时间及休息时间。

时间定额以工日为单位，每一工日按8小时计算。

2)产量定额

产量定额是在合理的劳动组织和合理使用材料的条件下，某种专业、某种技术等级的工人班组或个人在单位工日中所应生产的合格产品的数量。

【提示】理解时间定额和产量定额，两者是倒数关系。

3　材料消耗定额的编制

材料消耗定额的指标按材料的使用性质、用途和用量划分为以下四类。

(1)主要材料：直接构成工程实体的材料。

(2)辅助材料：直接构成工程实体的材料，但比重较小。

(3)周转性材料：模板、脚手架。

(4)零星材料：用量小、价值不高的次要材料，用估算法计算。

【提示】掌握材料消耗定额的指标，包括主要材料、辅助材料、周转性材料、零星材料，注意周转性材料的举例。

1. 材料消耗定额的编制方法

编制材料消耗定额，主要包括确定直接使用在工程中的材料净用量和在施工现场内运输及操作过程中不可避免的废料和损耗。

1)材料净用量的确定

表2-2-3列出了四种不同材料的净用量计算方法。

表2-2-3　四种不同材料的净用量计算方法

计算方法	适用情况
理论计算法	标准砖、砂浆用量的计算
测定法	根据试验情况和现场测定的资料、数据计算
图纸计算法	根据选定的图纸计算
经验法	根据历史上同类项目的经验估算

【提示】区分四种不同材料的净用量计算方法。

2)材料损耗量的确定

材料损耗一般以损耗率表示。材料损耗率可以通过观察法或统计法计算确定。

材料消耗量的计算公式如下：

$$消耗量=净用量+损耗量=净用量\times(1+损耗率)$$

$$损耗率=(损耗量/净用量)\times 100\%$$

2. 周转性材料消耗定额的编制【必会】

周转性材料消耗一般与以下四个因素有关：

(1)第一次制造时的材料消耗(一次使用量)；

(2)每周转使用一次的材料损耗(第二次使用时需要补充)；

(3)周转使用次数；

(4)周转性材料的最终回收及回收折价。

定额中的周转性材料消耗量应当用一次使用量和摊销量两个指标表示。一次使用量是指周转性材料在不重复使用时的一次使用量,供施工企业组织施工使用;摊销量是指周转性材料退出使用时,应分摊到每一计量单位的结构构件的周转性材料消耗量,供施工企业进行成本核算或投标报价使用。

【提示】掌握影响周转性材料消耗的四个因素;周转性材料消耗量的两个指标,即一次使用量和摊销量。

4　施工机械台班使用定额的编制

1. 施工机械台班使用定额的编制方法

(1)拟订施工机械工作的正常施工条件。

(2)确定施工机械净工作生产率,即施工机械纯工作1小时的正常生产率。

(3)确定施工机械利用系数：

$$施工机械利用系数=工作班净工作时间/施工机械工作班时间$$

(4)计算施工机械台班定额：

$$施工机械台班产量定额=施工机械净工作生产率\times 施工工作班延续时间\times 施工机械利用系数$$

$$施工机械时间定额=1/施工机械台班产量定额$$

(5)拟订工人小组定额时间：

$$工人小组定额时间=施工机械时间定额\times 工人小组人数$$

【提示】掌握根据施工机械利用系数计算施工机械台班定额的方法,常以计算形式考查,牢记公式。

2. 施工机械台班使用定额的形式

1)施工机械时间定额

施工机械时间定额是指在合理的劳动组织和合理使用机械的条件下,生产单位合格产品所需的工作时间(包括正常负荷下的工作时间、降低负荷下的工作时间、不可避免的中断时间、不可避免的无负荷工作时间)。施工机械时间定额以“台班”表示,即一台机械工作一个作业班(8 小时)的时间。

单位产品机械时间定额(台班)=1/台班产量

由于机械须由工人小组配合,所以人工时间定额为

单位产品人工时间定额(工日)= 小组成员总人数/台班产量

2)施工机械产量定额

施工机械产量定额是指在合理的劳动组织与合理使用机械的条件下,机械在每个台班的时间内应生产的合格产品的数量。

施工机械产量定额 =1/施工机械时间定额(台班)

【注】施工机械产量定额和施工机械时间定额为倒数关系。

☆知识点导图(图 2-2-2)

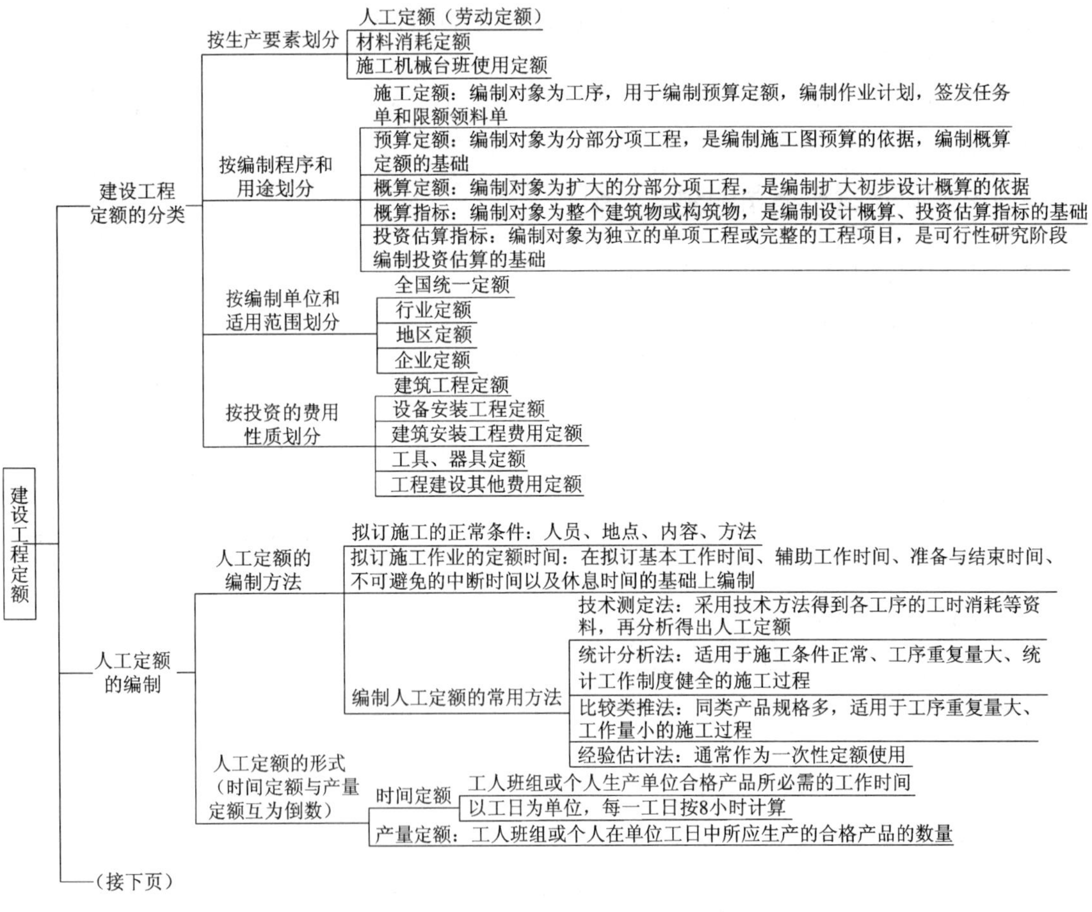

- 建设工程定额
  - （接上页）
  - 材料消耗定额的编制
    - 材料消耗定额的指标
      - 主要材料：直接构成工程实体的材料
      - 辅助材料：直接构成工程实体的材料，但比重较小
      - 周转性材料：模板、脚手架
      - 零星材料：用量小、价值不高的次要材料，用估算法计算
    - 材料消耗定额的编制方法
      - 材料净用量的确定
        - 理论计算法：标准砖、砂浆用量的计算
        - 测定法：根据试验情况和现场测定的资料、数据计算
        - 图纸计算法：根据选定的图纸计算
        - 经验法：根据历史上同类项目的经验估算
      - 材料损耗量的确定
        - 材料损耗一般以损耗率表示
        - 材料损耗率可以通过观察法或统计法计算确定
        - 材料消耗量的计算公式
          - 消耗量=净用量+损耗量
=净用量×(1+损耗率)
          - 损耗率=（损耗量/净用量）×100%
      - 周转性材料消耗定额的编制
        - 四个因素
          - 第一次制造时的材料消耗（一次使用量）
          - 每周转使用一次的材料损耗（第二次使用时需要补充）
          - 周转使用次数
          - 周转性材料的最终回收及回收折价
        - 两个指标
          - 一次使用量：施工企业组织施工使用
          - 摊销量：施工企业进行成本核算或投标报价使用
  - 施工机械台班使用定额的编制
    - 编制方法
      - 拟订施工机械工作的正常施工条件
      - 确定施工机械净工作生产率，即施工机械纯工作1小时的正常生产率
      - 确定施工机械利用系数：施工机械利用系数=工作班净工作时间/施工机械工作班时间
      - 计算施工机械台班定额
        - 施工机械台班产量定额=施工机械净工作生产率×施工工作班延续时间×施工机械利用系数
        - 施工机械时间定额=1/施工机械台班产量定额
      - 拟订工人小组定额时间：工人小组定额时间=施工机械时间定额×工人小组人数
    - 定额的形式
      - 施工机械时间定额
        - 生产单位合格产品所需的工作时间，以“台班”表示，即一台机械工作一个作业班（8小时）的时间
        - 包括正常负荷下的工作时间、降低负荷下的工作时间、不可避免的中断时间、不可避免的无负荷工作时间
        - 计算公式
          - 单位产品机械时间定额（台班）=1/台班产量
          - 单位产品人工时间定额（工日）=小组成员总人数/台班产量
      - 施工机械产量定额：施工机械产量定额=1/施工机械时间定额（台班）

图 2-2-2　建设工程定额

第 3 节　工程量清单计价

☆知识点概括

1. 工程量清单计价的方法
2. 投标报价的编制方法
3. 合同价款的约定

☆知识点剖析

1 工程量清单计价的方法

工程量清单计价是一种主要由市场定价的计价模式。为满足我国工程投资体制改革和建设管理体制改革的需要,加快我国建设工程计价模式与国际接轨的步伐,自 2003 年起开始在全国范围内逐步推广工程量清单计价方法。

1.《建设工程工程量清单计价规范》概述

(1)《建设工程工程量清单计价规范》(GB 50500—2013)规定,使用国有资金投资的建设工程发承包,须采用工程量清单计价,非国有资金投资的建设工程,宜采用工程量清单计价。

(2)安全文明施工费、规费和税金不得作为竞争性费用。

2. 工程量清单计价的应用过程

工程量清单计价的应用过程见表 2-3-1。

表 2-3-1 工程量清单计价的应用过程

1	招标人	根据定额资料、项目特点等编制招标控制价(投标价的上限)
2	投标人	根据企业定额、项目特点等编制投标报价(不同参与方竞争)
3	承发包人	依据合同约定、建设项目实施情况,进行工程计量、工程价款支付、合同价款调整、索赔与现场签证
4	承发包人	依据合同约定、建设项目实施情况,进行工程结算

3. 计价方法

1)工程量清单计价的三种方式

采用工程量清单计价,建筑安装工程造价由分部分项工程费、措施项目费、其他项目费、规费和税金组成。在工程量清单计价中,如按分部分项工程的单价组成来分,工程量清单计价主要有三种形式(表 2-3-2):①工料单价法;②综合单价法;③全费用综合单价法。

表 2-3-2 工程量清单计价的三种方式

工料单价法	工料单价 = 人工费 + 材料费 + 施工机具使用费
综合单价法	综合单价 = 人工费 + 材料费 + 施工机具使用费 + 企业管理费 + 利润
全费用综合单价法	全费用综合单价 = 人工费 + 材料费 + 施工机具使用费 + 企业管理费 + 利润 + 规费 + 税金

【**注**】《建设工程工程量清单计价规范》规定,分部分项工程工程量清单应采用综合单价法计价。

采用综合单价法计价需分项计算清单项目,再汇总得到工程总造价。

$$分部分项工程费 = \sum(分部分项工程量 \times 分部分项工程综合单价)$$

$$措施项目费 = \sum(措施项目工程量 \times 措施项目综合单价) + \sum 单项措施费$$

$$其他项目费 = 暂列金额 + 暂估价 + 计日工 + 总承包服务费 + 其他$$

$$单位工程报价 = 分部分项工程费 + 措施项目费 + 其他项目费 + 规费 + 税金$$

$$单项工程报价 = \sum 单位工程报价$$

$$工程总造价 = \sum 单项工程报价$$

【提示】工程量清单采用综合单价法计价，区别于工料单价法和全费用综合单价法，对比掌握。

2）分部分项工程费计算

$$分部分项工程费 = \sum(分部分项工程量 \times 分部分项工程综合单价)$$

其中涉及两个核心问题：确定分部分项工程量；确定分部分项工程综合单价。

（1）分部分项工程量的确定。

①工程量清单是招标人编制招标控制价和投标人编制投标报价的共同基础。

②工程量清单中的工程量是工程净量。该工程量不是承包人在履行合同义务时应予完成的实际和准确的工程量。

③竣工结算时的工程量应按发包、承包双方在合同中约定的应予计量且实际完成的工程量确定。

（2）分部分项工程综合单价的确定。分部分项工程综合单价的计算通常采用定额组价的方法，步骤如下。

①确定组合定额子目（一个清单项目可能对应多个定额子目）。例如“M5 水泥砂浆砌砖基础”项目，按《建设工程工程量清单计价规范》，不仅包括主项“砖基础”子目，还包括附项“混凝土基础垫层”子目。

②计算定额子目工程量。考虑施工方的各种因素，根据所采取的计价定额及相应的工程量计算规则重新计算各定额子目的工程量。

③测算人、料、机消耗量。

招标：根据预算定额确定。

投标：根据预算定额、企业定额确定。

④确定人、料、机单价。各投标人参考市场价和本企业的采购能力自主确定。

⑤计算清单项目的人、料、机费。

$$人、料、机费 = \sum 计价工程量 \times [\sum(人工消耗量 \times 人工单价) + \sum(材料消耗量 \times 材料单价) + \sum(台班消耗量 \times 台班单价)]$$

⑥计算清单项目的企业管理费和利润。

投标人自主确定分部分项工程的企业管理费和利润。企业管理费及利润通常根据各地区规定的费率乘以规定的计价基础得出。

⑦计算清单项目的综合单价。

$$综合单价 = (人、料、机费 + 企业管理费 + 利润)/清单工程量$$

3)措施项目费计算

措施项目费是指为完成工程项目施工,用于该工程施工准备和施工过程中的技术、生活、安全、环境保护等方面的非工程实体项目的费用。措施项目清单计价应根据建设工程的施工组织设计,对可以计算工程量的措施项目,应按分部分项工程量清单的方式采用综合单价法计价。其余的措施项目可以“项”为单位计价,应包括除规费、税金外的全部费用。

措施项目费的计算方法(表2-3-3)一般有以下几种。

表2-3-3 措施项目费的计算方法

计算方法	适用情况	举例
综合单价法	可以计算工程量的措施项目	混凝土模板、脚手架、垂直运输等
参数法计价	无法计算工程量的措施项目	夜间施工增加费、二次搬运费、冬雨期施工增加费
分包法计价	可以分包的独立措施项目	室内空气污染测试

(1)综合单价法。这种方法与分部分项工程综合单价的计算方法一样,根据需要消耗的实物工程量与实物工程单价计算措施项目费,适用于可以计算工程量的措施项目,主要是指一些与工程实体有紧密联系的项目,如混凝土模板、脚手架、垂直运输等。与分部分项工程不同,其不要求每个措施项目的综合单价都必须包含人工费、材料费、施工机具使用费、企业管理费和利润。

(2)参数法计价。参数法计价是指按一定的基数乘以系数或自定义公式进行计算。这种方法简单明了,但最大的难点是公式的科学性、准确性难以把握。这种方法主要适用于施工过程中必然发生,但在投标时很难具体分项预测,又无法单独列出项目内容的措施项目,如夜间施工增加费、二次搬运费、冬雨期施工增加费的计价均可以采用该方法。

(3)分包法计价。分包法计价是指在分包价格的基础上增加投标人的企业管理费及风险费用进行计价的方法,这种方法适用于可以分包的独立措施项目,如室内空气污染测试等。

有时招标人要求对措施项目费进行明细分析,这时采用参数法计价和分包法计价都是先计算该措施项目的总费用,这就需人为用系数或比例分摊人工费、材料费、施工机具使用费、企业管理费及利润。

【提示】措施项目费的三种计算方法,重点掌握举例。

4)其他项目费计算

其他项目费由暂列金额、暂估价、计日工、总承包服务费等内容构成。

暂列金额和暂估价由招标人按估算金额确定。招标人在工程量清单中提供的暂估价的材料和专业工程,若属于依法必须招标的,由承包人和招标人共同通过招标确定材料单价与专业工程分包价;若材料不属于依法必须招标的,经发承包双方协商确认单价后计价;若专业工程不属于依法必须招标的,由发包人、总承包人与分包人按有关计价依据计价。

计日工和总承包服务费由承包人根据招标人提出的要求,按估算的费用确定。

(1)暂列金额,由招标人按估算金额确定。

（2）暂估价，由招标人按估算金额确定。

（3）计日工，由投标人自主确定。

（4）总承包服务费，由投标人自主确定。

【提示】暂列金额和暂估价均由招标人确定，投标人不得改变。其中，暂列金额是在施工过程中不确定会发生，事先暂列的金额；暂估价是在施工过程中肯定会发生，但是发生多少不确定，只能事先暂估的金额。

5）规费和税金

规费和税金不得作为竞争性费用。

6）风险费用的确定

采用工程量清单计价的工程，应在招标文件或合同中明确风险的内容及范围（幅度），并在工程计价过程中予以考虑。

2　投标报价的编制方法

1. 投标报价的编制原则

（1）投标报价由投标人自主确定，但须执行《建设工程工程量清单计价规范》的强制性规定，由投标人或受其委托具有相应资质的工程造价咨询人编制。

（2）投标报价不得低于工程成本。

（3）投标人须按招标工程量清单填报价格。

（4）投标报价要以招标文件中设定的发承包双方责任作为设定投标报价费用项目和费用计算的基础。

（5）应以施工方案、技术措施为投标报价的基本条件。

（6）投标报价计算方法要科学、严谨、简明、适用。

【提示】投标报价由投标人自主确定，不得低于工程成本。

2. 投标报价的编制与审核

在编制投标报价之前，需要先对工程量清单进行复核。

1）综合单价

综合单价应包括招标文件中划分的应由投标人承担的风险费用，招标文件中没有明确的，应提请招标人明确。

2）单价项目

分部分项工程和措施项目中的单价项目最主要的是确定综合单价，应根据招标文件及清单项目中的特征描述确定综合单价。

（1）工程量清单项目特征描述。在招投标过程中，若出现招标文件中的分部分项工程量清单项目特征描述与设计图纸不符，投标人应以分部分项工程量清单项目特征描述为准确定投标报价的综合单价；若在施工中施工图纸或设计变更与工程量清单项目特征描述不一致，发承包双方应按实际施工的项目特征，依据合同约定重新确定综合单价。

（2）企业定额（没有企业定额时，可根据企业自身情况参照消耗量定额进行调整）。

（3）资源可获取价格（直接影响综合单价）。

（4）企业管理费费率、利润率（参照平均参考值自行确定）。

（5）风险费用。在施工过程中，当出现的风险内容及范围（幅度）在招标文件规定的范围（幅度）内时，综合单价不得变动，工程款不作调整。

（6）材料暂估价。招标文件中提供了暂估单价的材料，按暂估的单价计入综合单价。

3）总价项目

（1）措施项目中的总价项目应采用综合单价方式报价，包括除规费、税金外的全部费用。

（2）措施项目费中的安全文明施工费应按国家或省级、行业建设主管部门的规定确定，不得竞争。

4）其他项目费报价

（1）暂列金额不得变动。

（2）暂估价不得变动和更改。材料暂估价须按照招标人提供的暂估单价计入分部分项工程费中的综合单价；专业工程暂估价须按照招标人提供的其他项目清单中列出的金额填写。

（3）计日工自主确定。

（4）总承包服务费自主确定。

5）规费和税金报价

规费和税金不得作为竞争性费用。

6）投标总价

投标总价不能优惠，投标人对投标报价的任何优惠（降价、让利）均应反映在相应清单项目的综合单价中。

【提示】投标总价不能优惠。

3 合同价款的约定

实行招标的工程，合同价款应在自中标通知书发出之日起30天内，由发包、承包双方在书面合同中约定。发包、承包双方应在合同条款中对下列事项进行约定：

（1）预付工程款的数额、支付时间及抵扣方式；

（2）安全文明施工费；

（3）工程计量与支付工程进度款的方式、数额及时间；

（4）工程价款的调整因素、方法、程序、支付及时间；

（5）施工索赔与现场签证的程序、金额确定与支付时间；

（6）承担计价风险的内容、范围以及超出约定内容、范围的调整办法；

（7）工程竣工价款结算编制与核对、支付及时间；

（8）工程质量保证金的数额、预留方式及时间；

（9）违约责任以及发生合同价款争议的解决方法及时间；

(10)与履行合同、支付价款有关的其他事项等。

☆知识点导图(图 2-3-1)

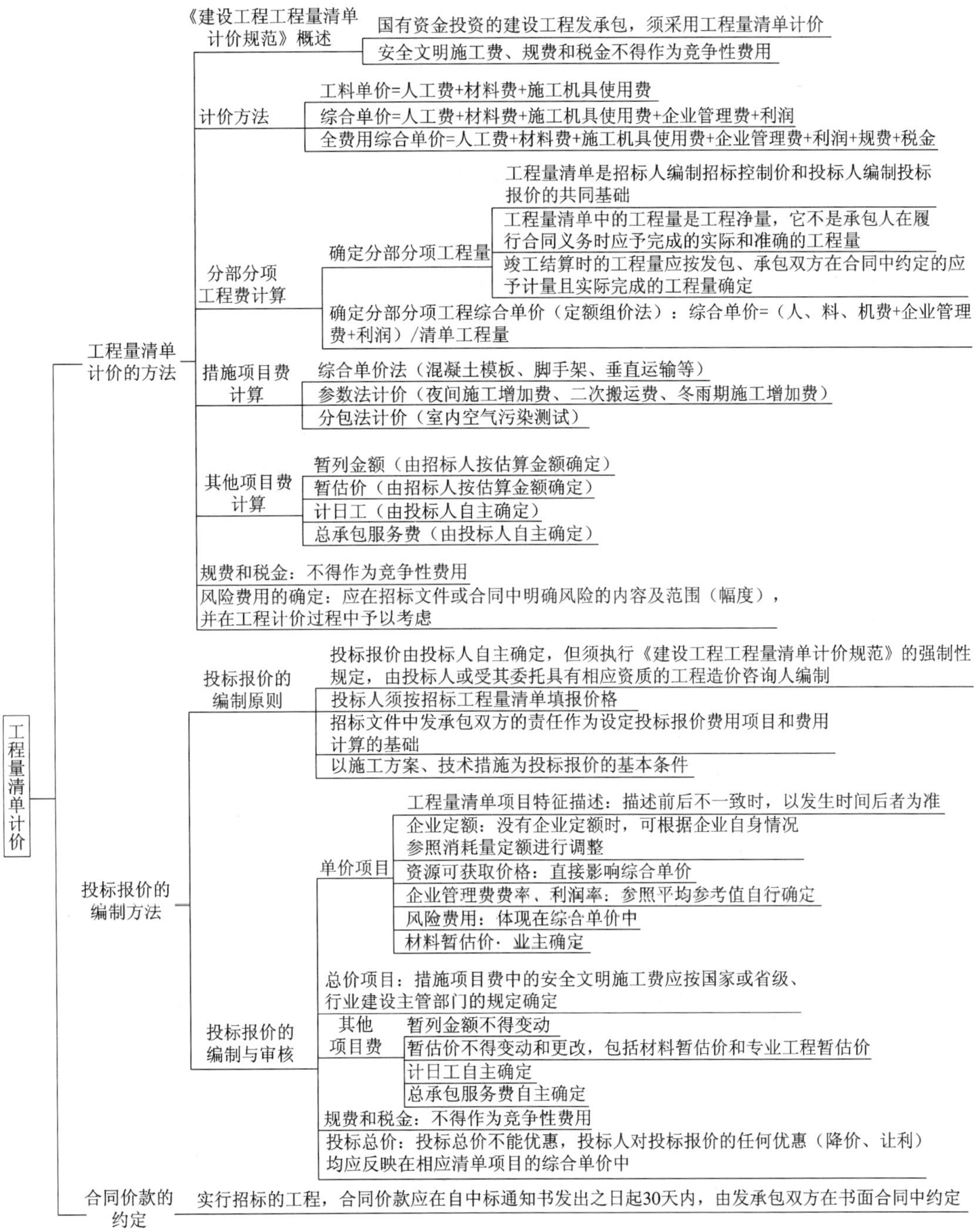

图 2-3-1　工程量清单计价

章节习题

一、单项选择题

1. 根据《建筑安装工程费用项目组成》(建标〔2013〕44号),施工项目墙体砌筑所用的沙子在运输过程中不可避免的损耗,应计入(　　)。

A. 企业管理费　　B. 二次搬运费　　C. 材料费　　D. 措施项目费

2. 某施工企业为某施工机械按国家规定缴纳的保险费及年检费属于(　　)。

A. 企业管理费　　B. 社会保险费　　C. 税金　　D. 施工机具使用费

3. 根据《建筑安装工程费用项目组成》(建标〔2013〕44号),施工企业对建筑以及材料、构件和建筑安装物进行一般鉴定、检查所发生的费用,应计入建筑安装工程费用项目中的(　　)。

A. 措施项目费　　B. 规费　　C. 材料费　　D. 企业管理费

4. 下列措施项目费中不属于安全文明施工费的是(　　)。

A. 环境保护费　　B. 临时设施费　　C. 工程排污费　　D. 安全施工费

5. 施工企业在投标报价时,周转性材料的消耗量应按(　　)计算。

A. 周转使用次数　　B. 摊销量

C. 每周转使用一次的损耗量　　D. 一次使用量

二、多项选择题

1. 下列关于建设工程定额的说法,正确的有(　　)。

A. 施工定额是以同一性质的施工过程——工序为研究对象

B. 施工定额的水平反映了施工企业生产与组织的技术水平和管理水平

C. 预算定额是以施工定额为基础综合扩大编制的,也是编制概算定额的基础

D. 预算定额是企业性的,而施工定额则是社会性的

E. 概算定额是以扩大的分部分项工程为对象编制的

2. 下列关于周转性材料消耗定额编制的说法,正确的有(　　)。

A. 摊销量是指周转性材料在不重复使用时的一次使用量,供施工企业组织施工使用

B. 定额中的周转性材料消耗量应当用一次使用量和摊销量两个指标表示

C. 一次使用量是指周转性材料在不重复使用时的一次使用量,供施工企业组织施工使用

D. 摊销量是指周转性材料退出使用时,应分摊到每一计量单位的结构构件的周转性材料消耗量,供施工企业进行成本核算或投标报价使用

E. 周转性材料消耗与周转使用次数有关

3. 根据《标准施工招标文件》中合同条款的相关规定,在合同履行期间,发生下列(　　)事项,承包人可以向发包人索赔利润。

A. 由法律变化引起价格调整　　B. 因发包人的原因导致工程损失

C. 因发包人的原因造成工期延误　　D. 承包人遇到不利物质条件
E. 发包人要求承包人提前竣工

4. 工程项目施工成本管理的基础工作包括(　　)。
A. 及时进行成本核算　　B. 建立成本管理责任体系
C. 建立企业内部施工定额　　D. 编制项目成本计划
E. 科学设计成本核算账册

5. 下列施工成本管理措施中,属于经济措施的有(　　)。
A. 使用添加剂降低水泥消耗　　B. 选用合适的合同结构
C. 及时落实业主签证　　D. 采用新材料降低成本
E. 通过偏差分析找出成本超支的潜在问题

6. 下列某大跨度体育场项目钢结构施工的成本管理措施中,属于技术措施的有(　　)。
A. 确定项目管理班子的任务和职能分工　　B. 分析钢结构吊装作业的成本目标
C. 修订钢结构吊装施工合同条款　　D. 提出多个钢结构吊装方案
E. 改变吊装用的施工机械

第3章　建筑装饰工程施工进度管理

【章节概述】进度控制是“三控”之一,其中的网络图是难点和重点,施工进度计划的编制方法是本章最核心的部分,该部分讲述了网络计划图的绘制及计算,是计算题的出题范围。相对来说本章的考点比较清晰,理解掌握难度不大。

施工方是工程实施的一个重要参与方,许许多多的工程项目,特别是大型重点建设项目,工期要求十分紧迫,施工方的工程进度压力非常大。数百天的连续施工,一天两班制施工,甚至24小时连续施工时有发生。但是,非正常有序地施工,或盲目赶工,难免会导致施工质量问题和施工安全问题的出现,并且会引起施工成本的增加。施工进度控制不仅关系到施工进度目标能否实现,还直接关系到工程的质量和成本。在工程施工实践中,必须树立和坚持一个最基本的工程管理原则,即在确保工程安全和质量的前提下,控制工程的进度。

第1节　建筑装饰工程项目进度控制的目标和任务

☆知识点概括

1. 建设工程项目总进度目标
2. 进度控制的任务

☆知识点剖析

1　建设工程项目总进度目标

1. 建设工程项目总进度目标的内涵

(1)在工程施工实践中,须树立和坚持一个最基本的工程管理原则,即在确保工程安全和质量的前提下,控制工程的进度。

(2)项目总进度目标指的是整个项目的进度目标,它是在项目的决策阶段项目定义时确定的。

(3)项目总进度目标的控制是业主方项目管理的任务(采用建设项目总承包模式,建设项目总承包方协助业主方进行项目总进度目标控制。）

（4）总进度目标控制前，首先应分析和论证目标实现的可能性（若不能实现，应提出调整建议，并请决策者审议。）

（5）在项目的实施阶段，项目总进度不仅包括施工的进度，还包括：

①设计前准备阶段的工作进度；

②设计工作进度；

③招标工作进度；

④施工前准备工作进度；

⑤工程施工和设备安装工作进度；

⑥工程物资采购工作进度；

⑦项目动用前的准备工作进度等。

【注意】无保修阶段的进度；区分实施阶段的五小阶段。

2. 建设工程项目总进度目标的论证【必会】

（1）大型建设工程项目总进度目标论证的核心工作是通过编制总进度纲要论证总进度目标实现的可能性。

（2）总进度纲要的主要内容（“三总一子一里程碑”）：

①项目实施的总体部署；

②总进度规划；

③各子系统进度规划；

④确定里程碑事件的计划进度目标；

⑤总进度目标实现的条件和应采取的措施等。

【提示】项目总进度目标论证的核心工作是论证总进度目标实现的可能性；总进度纲要的主要内容为“三总一子一里程碑”。

（3）建设工程项目总进度目标论证的工作步骤：

①调查研究和收集资料；

②进行项目结构分析；

③进行进度计划系统的结构分析；

④确定项目的工作编码；

⑤编制各层（各级）进度计划；

⑥协调各层进度计划的关系和编制总进度计划；

⑦若所编制的总进度计划不符合项目的进度目标，则设法调整；

⑧若经过多次调整，进度目标无法实现，则报告项目决策者。

【提示】总进度目标论证的工作步骤，重点掌握②至⑥步“双析变（编）双计”，常考排序题。

3. 建设工程项目进度计划系统

进度计划系统是一个逐步形成的系统，是进度控制的依据（表3-1-1）。

建设工程项目进度计划系统是由多个相互关联的进度计划组成的系统,它是项目进度控制的依据。由于各种进度计划编制所需的必要资料是在项目进展过程中逐步形成的,因此项目进度计划系统的建立和完善也有一个过程,它是逐步完善的。

由于项目进度控制有不同的需要和用途,业主方和项目各参与方可以编制多个不同的建设工程项目进度计划系统,如:

(1)由多个相互关联的不同计划深度的进度计划组成的计划系统;

(2)由多个相互关联的不同计划功能的进度计划组成的计划系统;

(3)由多个相互关联的不同项目参与方的进度计划组成的计划系统;

(4)由多个相互关联的不同计划周期的进度计划组成的计划系统。

表 3-1-1　不同情况下进度计划的内容

分类	内容	内部关系
不同深度	(1)总进度规划(计划); (2)项目子系统进度规划(计划); (3)项目子系统中的单项工程进度计划等	联系与协调
不同功能	(1)控制性进度规划(计划); (2)指导性进度规划(计划)(小型项目一般无); (3)实施性(操作性)进度计划等	联系与协调
不同项目参与方	(1)业主方编制的整个项目实施的进度计划; (2)设计进度计划; (3)施工和设备安装进度计划; (4)采购和供货进度计划等	联系与协调
不同周期	(1)5年(或多年)建设进度计划; (2)年度、季度、月度和旬计划	—

【**提示**】进度计划系统是一个逐步形成的系统,是进度控制的依据;不同参与方各自编制不同的进度计划;掌握不同深度、不同功能、不同项目参与方、不同周期下进度计划的内容,易混淆。

2　进度控制的任务【必会】

业主方进度控制的任务是控制整个项目实施阶段的进度,包括控制设计前准备阶段的工作进度、设计工作进度、施工进度、物资采购工作进度以及项目动用前准备阶段的工作进度。

设计方进度控制的任务是依据设计任务委托合同对设计工作进度的要求控制设计工作进度,这是设计方履行合同的义务。另外,设计方应尽可能使设计工作的进度与招标、施工和物资采购等工作进度相协调。在国际上,设计进度计划主要是确定各设计阶段的设计图纸(包括有关的说明)的出图计划,在出图计划中标明每张图纸的出图日期。

施工方进度控制的任务是依据施工任务委托合同对施工进度的要求控制施工工作进度,这是施工方履行合同的义务。在进度计划编制方面,施工方应视项目的特点和施工进度控制的需要,编制深度不同的控制性和直接指导项目施工的进度计划,以及按不同计划周期编制的计划,如年度、季度、月度和旬计划等。

供货方进度控制的任务是依据供货合同对供货的要求控制供货工作进度,这是供货方履行合同的义务。供货进度计划应包括供货的所有环节,如采购、加工制造、运输等。

表 3-1-2 列出了进度控制各参与方的任务。

表 3-1-2　进度控制各参与方的任务

参与方	任务
业主方	(1)控制整个项目实施阶段的进度; (2)控制设计前准备、设计、施工、采购、动用前准备阶段的工作进度
设计方	(1)依据设计任务委托合同的要求控制设计工作进度; (2)在国际上,设计进度计划指的是出图计划; (3)设计进度与招标、施工、物资采购等进度相协调
施工方	依据施工任务委托合同的要求控制施工工作进度
供货方	依据供货合同的要求控制供货工作进度

【提示】业主方控制项目实施阶段的进度;其他各个参与方根据委托合同控制进度;还需注意国际上设计进度计划主要是确定出图计划,须掌握。

☆知识点导图(图 3-1-1)

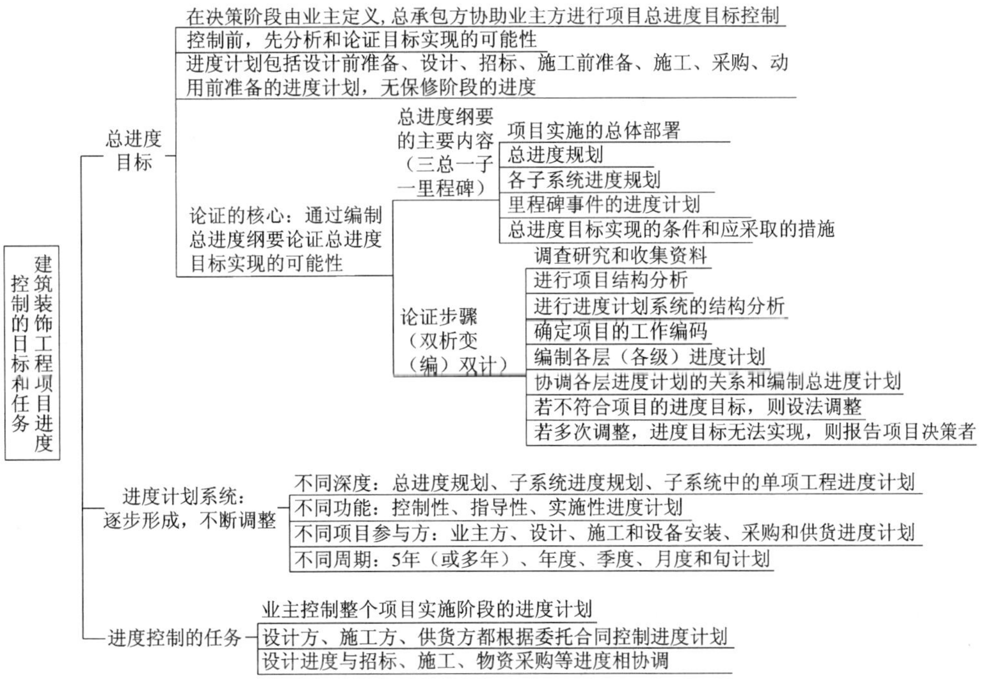

图 3-1-1　建筑装饰工程项目进度控制的目标和任务

第 2 节　建筑装饰工程施工进度计划的类型和作用

☆知识点概括

1. 施工进度计划的类型
2. 控制性施工进度计划的作用
3. 实施性施工进度计划的作用

☆知识点剖析

1　施工进度计划的类型

施工方编制的与施工进度有关的计划包括施工企业的施工生产计划和建设工程项目施工进度计划（表 3-2-1）。建设工程项目施工进度计划应依据企业的施工生产计划和履行施工合同的要求及施工条件等合理安排。

表 3-2-1　进度计划的类型

类型	施工企业的施工生产计划	建设工程项目施工进度计划
系统	以施工企业为系统	以每个建设工程项目为系统
范畴	企业计划的范畴	工程项目管理的范畴
编制计划	编制年、季、月、旬生产计划	（1）施工总进度方案、施工总进度规划、施工总进度计划（小型项目只需编此计划）； （2）子项目施工进度计划、单体工程施工进度计划； （3）年、季、月施工计划和旬施工作业计划
二者的关系	紧密相关	

2　控制性施工进度计划的作用

（1）一般而言，一个工程项目的施工总进度规划或施工总进度计划是工程项目控制性施工进度计划。

（2）控制性施工进度计划的目的：

①通过计划的编制，对施工进度目标进行再论证；

②对进度目标进行分解，确定施工的总体部署，并确定里程碑事件的进度目标（或称其为控制节点的进度目标）；

③作为进度控制的依据。

（3）控制性施工进度计划的作用。

控制性施工进度计划是整个项目施工进度控制的纲领性文件，是组织和指挥施工的依据，其作用如下（“二目标三依据”）：

①论证施工总进度目标；
②施工总进度目标的分解，确定里程碑事件的进度目标；
③编制实施性进度计划的依据；
④编制其他各种进度计划的依据或参考依据；
⑤施工进度动态控制的依据。

3　实施性施工进度计划的作用【必会】

月度施工计划和旬施工作业计划是用于直接组织施工作业的计划，它们是实施性施工进度计划。旬施工作业计划是月度施工计划在一个旬中的具体安排。实施性施工进度计划的编制应结合工程施工的具体条件，并以控制性施工进度计划所确定的里程碑事件的进度目标为依据。

针对一个项目的月度施工计划应反映在这个月度中将进行的主要施工作业的名称、实物工程量、工作持续时间、所需的施工机械名称、施工机械的数量等。月度施工计划还反映各施工作业相应的日历天的安排，以及各施工作业的施工顺序。

针对一个项目的旬施工作业计划应反映在这旬中，每一个施工作业（或称其为施工工序））的名称、实物工程量、工种、每天的出勤人数、工作班次、工效、工作持续时间、所需的施工机械名称、施工机械的数量、机械的台班产量等。旬施工作业计划还反映各施工作业相应的日历天的安排，以及各施工作业的施工顺序。

（1）月度施工计划和旬施工作业计划是用于直接组织施工作业的计划，它是实施性施工进度计划，并以控制性进度计划为依据编制。

（2）实施性进度计划的作用：
①确定施工作业的具体安排；
②确定一个月度或旬的人工需求；
③确定一个月度或旬的施工机械的需求；
④确定一个月度或旬的建筑材料的需求；
⑤确定一个月度或旬的资金的需求等。

☆知识点导图（图 3-2-1）

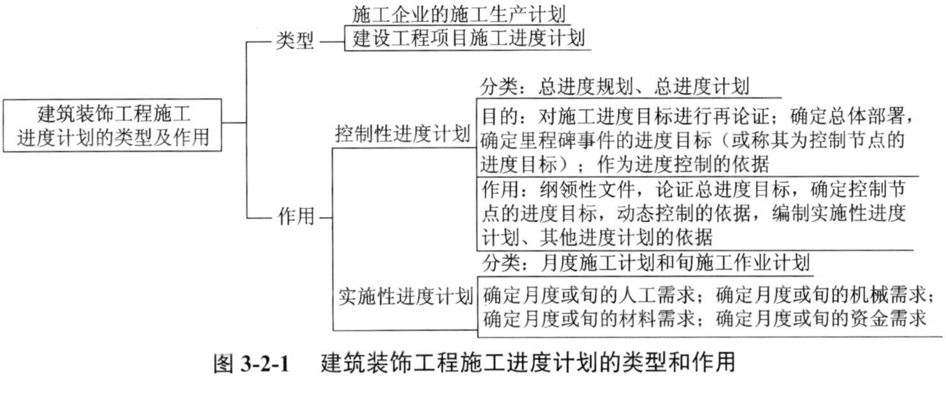

图 3-2-1　建筑装饰工程施工进度计划的类型和作用

第 3 节 建筑装饰工程施工进度计划的编制方法

☆知识点概括

1. 横道图进度计划的编制方法
2. 工程网络计划的类型和应用

☆知识点剖析

1 横道图进度计划的编制方法

横道图是一种最简单且运用最广的传统的计划方法,尽管有许多新的计划技术,横道图在建设领域中的应用还是非常普遍。

通常横道图的表头为工作及其简要说明,项目进展表示在时间表格上。按照所表示工作的详细程度,时间单位可以为小时、天、周、月等。通常这些时间单位用日历表示,此时可表示非工作时间,如停工时间、法定假日、假期等。根据横道图使用者的要求,工作可按照时间先后、责任、项目对象、同类资源等进行排序。

横道图的另一种可能形式是将工作简要说明直接放在横道上,这样,一行上可容纳多项工作,一般运用在重复性的任务上。横道图也可将最重要的逻辑关系标注在内,但如果将所有逻辑关系均标注在图上,则横道图简洁性的最大优点将丧失。

横道图用于小型项目或大型项目的子项目,或用于计算资源需求量、概要预示进度,也可用于其他计划技术的表示结果。横道图计划表中的进度线(横道)与时间坐标相对应,这种表达方式较直观,易看懂计划编制的意图。但是,横道图进度计划法也存在一些问题。

(1)工序(工作)之间的逻辑关系可以设法表达,但不易表达清楚。

(2)适用于手工编制计划。

(3)没有通过严谨的进度计划时间参数计算,不能确定计划的关键工作、关键路线与时差。

(4)计划调整只能用手工方式进行,其工作量较大。

(5)难以适应较大的进度计划系统。

1. 横道图示例

图 3-3-1 为施工横道图进度计划示意。

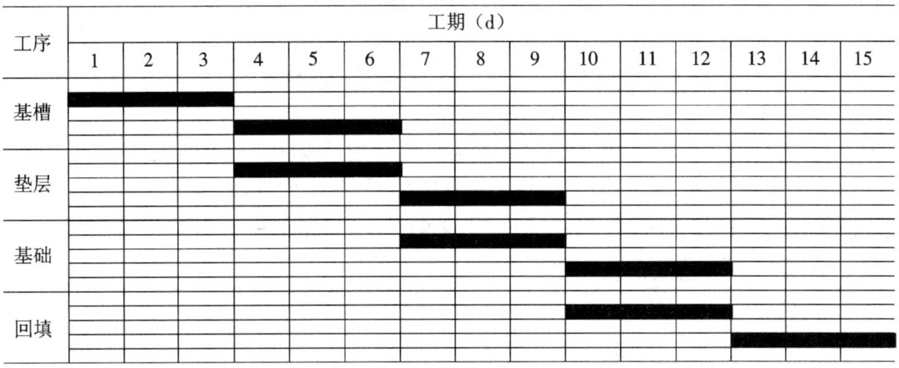

图 3-3-1　施工横道图进度计划

2. 横道图的特点

(1)最简单且运用最广。

(2)可以将工作的简要说明放在横道上。

(3)适用于小型项目或大型项目的子项目,可用于计算资源需求量、概要预示进度。

横道图的优缺点见表 3-3-1。

表 3-3-1　横道图的优缺点

优点	缺点
(1)表达较直观; (2)易看懂	(1)逻辑关系可以设法表达,但不易表达清楚; (2)适用于手工编制计划; (3)不能确定计划的关键工作、关键路线与时差; (4)计划调整只能用手工方式进行,其工作量较大; (5)难以适应大的进度计划系统

【注】根据使用者的需求,横道图可按照时间先后、责任、项目对象、同类资源等进行排序。

【提示】掌握横道图进度计划的优缺点。

【习题演练】

【例题 1·单选】下列关于横道图进度计划的说法,正确的是(　　)。

A. 尤其适用于较大的进度计划系统

B. 各项工作须按照时间先后进行排序

C. 不能将工作简要说明直接放在横道上

D. 可用于计算资源需要量

【答案】D

【解析】横道图的缺点如下:

(1)工序(工作)之间的逻辑关系可以设法表达,但不易表达清楚;

(2)适用于手工编制计划;

(3)没有通过严谨的进度计划时间参数计算,不能确定计划的关键工作、关键路线与时差；

(4)计划调整只能用手工方式进行，其工作量较大；

(5)难以适应较大的进度计划系统。

横道图可以将工作简要说明直接放在横道上。横道图适用于小型项目或大型项目的子项目，或用于计算资源需要量、概要预示进度，也可用于其他计划技术的表示结果。

【例题2·单选】下列关于横道图进度计划的说法，正确的是(　　)。

A. 横道图的一行只能表达一项工作

B. 工作的简要说明须放在表头内

C. 横道图不能表达工作间的逻辑关系

D. 横道图的工作可按项目对象排序

【答案】D

【解析】横道图可以将工作简要说明直接放在横道上，这样一行上可容纳多项工作，该方法一般运用在重复性的任务上，故A、B错误；工作间的逻辑关系可以设法表达，故C错误；根据此横道图使用者的要求，工作可按照时间先后、责任、项目对象、同类资源等进行排序，故D正确。

【例题3·单选】下列关于横道图进度计划表的说法，正确的是(　　)。

A. 可以将工作简要说明直接放到横道上

B. 计划调整比较方便

C. 可以直观地确定计划的关键线路

D. 工作逻辑关系易于表达清楚

【答案】A

【解析】横道图可以将工作简要说明直接放在横道上。其缺点为：工序(工作)之间的逻辑关系可以设法表达，但不易表达清楚；不能确定计划的关键工作、关键路线与时差；计划调整只能用手工方式进行，其工作量较大。

2　工程网络计划的类型和应用

常见的工程网络计划包括：

(1)双代号网络计划；

(2)单代号网络计划；

(3)双代号时标网络计划(略)；

(4)单代号搭接网络计划(略)。

1. 双代号网络计划【必会】

1)双代号网络计划的基本概念

双代号网络计划图(简称双代号网络图)是以箭线及其两端节点的编号表示工作的网络图，如图3-3-2所示。

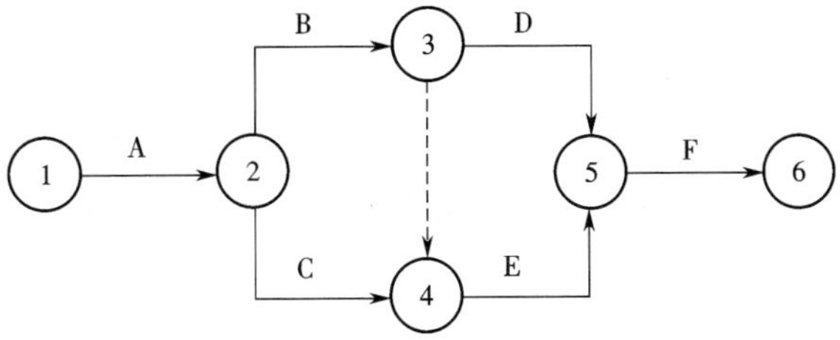

图 3-3-2　双代号网络计划图示例

Ⅰ. 虚箭线的作用

(1)联系,如图 3-3-2 中的虚线。

(2)区分,如图 3-3-3 所示。

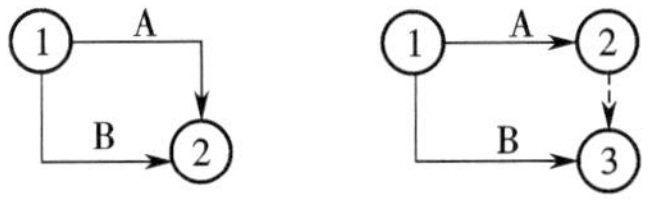

图 3-3-3　虚箭线的区分作用

(3)断路,如图 3-3-4 所示。

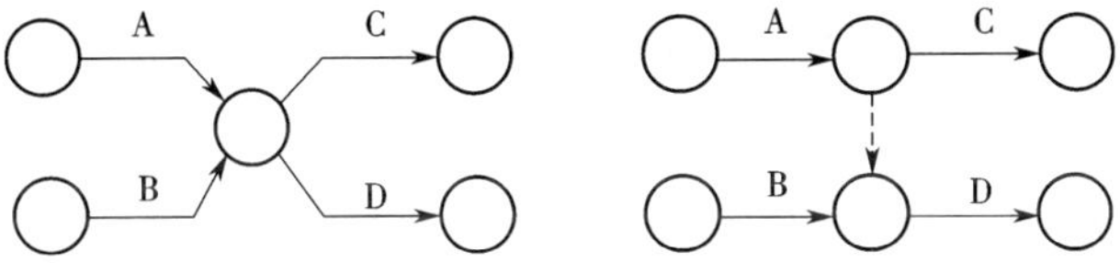

图 3-3-4　虚箭线的断路作用

Ⅱ. 节点

节点是网络计划图中箭线之间的连接点,网络计划图中有三种类型的节点:起点节点(一个)、中间节点(很多)、终点节点(一个),如图 3-3-2 所示。

一项工作只有唯一的一条箭线和相应的一对节点表示,节点的编号顺序应从小到大,可不连续,但不允许重复。

Ⅲ. 线路

从起点节点到终点节点的通路叫线路,如图 3-3-5 所示。

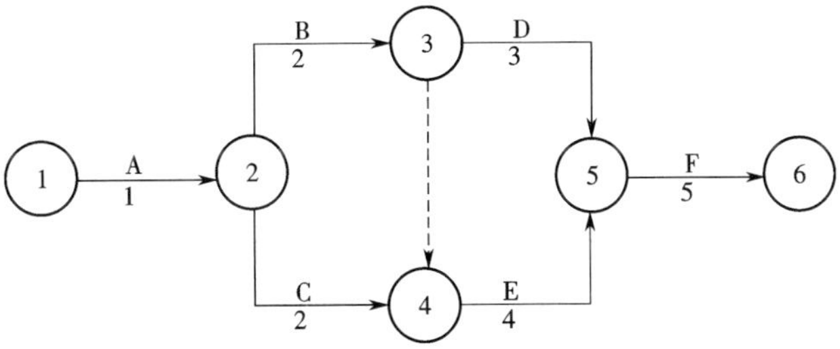

图 3-3-5　线路

【注意】工作持续时间之和最大者为关键线路,且至少有一条。

Ⅳ.逻辑关系

（1）工艺关系（不可逆转）。

（2）组织关系（可以调整）。

【提示】基本概念是基础，须理解掌握。注意虚箭线的三个作用，即联系、区分、断路。

【习题演练】

【例题 1·单选】下列关于双代号网络图中终点节点和箭线关系的说法，正确的是（　　）。

A. 既有内向箭线，又有外向箭线　　B. 只有外向箭线，没有内向箭线

C. 只有内向箭线，没有外向箭线　　D. 既无内向箭线，又无外向箭线

【答案】C

【解析】终点节点即网络图的最后一个节点，它只有内向箭线，一般表示一项任务或一个项目的完成。A 属于中间节点；B 属于起点节点。

【例题 2·多选】在双代号网络图中，虚箭线的作用有（　　）。

A. 指向　　B. 联系　　C. 区分　　D. 过桥

E. 断路

【答案】BCE

【解析】虚箭线是实际工作中并不存在的一项虚设工作，故它们既不占用时间，也不消耗资源，一般起着工作之间的联系、区分和断路三个作用。

2）双代号网络图绘图规则【必会】

（1）节点编号由小到大，不许重复。

（2）一个起点节点、一个终点节点。

（3）无线段，无双向箭线，无节点箭线。

（4）无循环回路。

（5）某节点有多条外向箭线或多条内向箭线时，可用母线法，如图 3-3-6 所示。

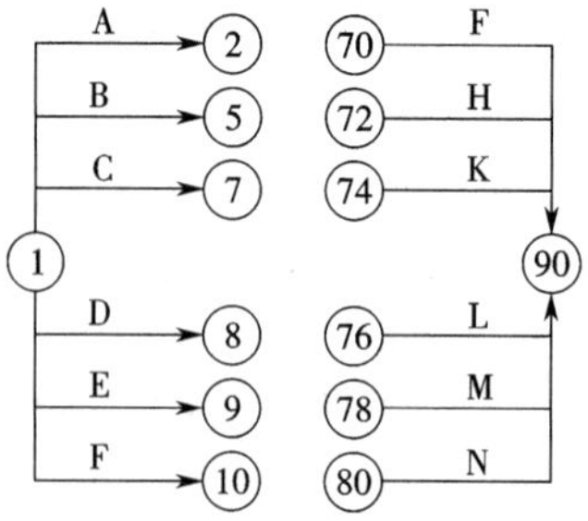

图 3-3-6　母线法

（6）箭线不宜交叉，当交叉不可避免时，可用过桥法或指向法，如图 3-3-7 所示。

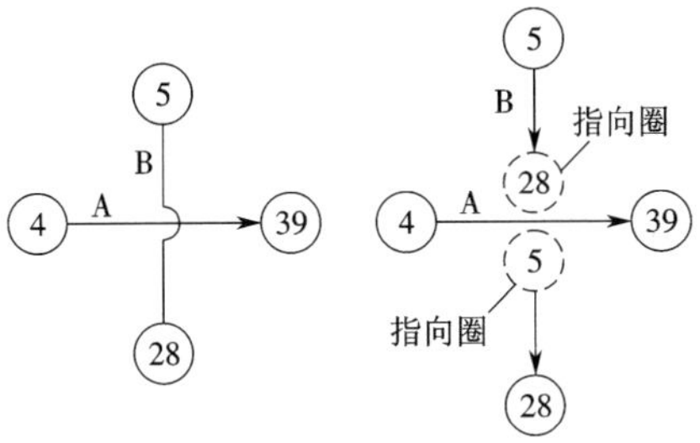

图 3-3-7　过桥法和指向法

（7）正确表达逻辑关系。

【提示】在理解的基础上掌握绘图规则，会识图，会挑错；还需注意编号可不连续，但不允许重复也是常考规则。

【习题演练】

【例题 1·多选】下列关于双代号网络图绘图规则的说法，正确的有（　　）。

A. 网络图须正确表达各工作间的逻辑关系

B. 网络图中可以出现循环回路

C. 网络图中一个节点只有一条箭线引入和一条箭线引出

D. 网络图中严禁出现没有箭头节点或没有箭尾节点的箭线

E. 双代号网络图中应只有一个起点节点和一个终点节点

【答案】ADE

【解析】双代号网络计划图的绘图规则：①双代号网络图须正确表达已定的逻辑关系；②双代号网络图中，严禁出现循环回路；③双代号网络图中，在节点之间严禁出现带双向箭头或无箭头的线；④双代号网络图中，严禁出现没有箭头节点或没有箭尾节点的箭线；⑤当双代号网络图的某些节点有多条外向箭线或多条内向箭线时，为使图形简洁，可使用母线法绘制（但应满足一项工作用一条箭线和相应的一对节点表示）；⑥绘制双代号网络图时，箭线不宜交叉，当交叉不可避免时，可用过桥法或指向法；⑦双代号网络图中应只有一个起点节点和一个终点节点（多目标网络计划除外），而其他所有节点均应是中间节点；⑧双代号网络图应条理清楚、布局合理。

【例题 2·多选】某分部工程双代号网络计划图如下图所示，其存在的绘图错误有（　　）。

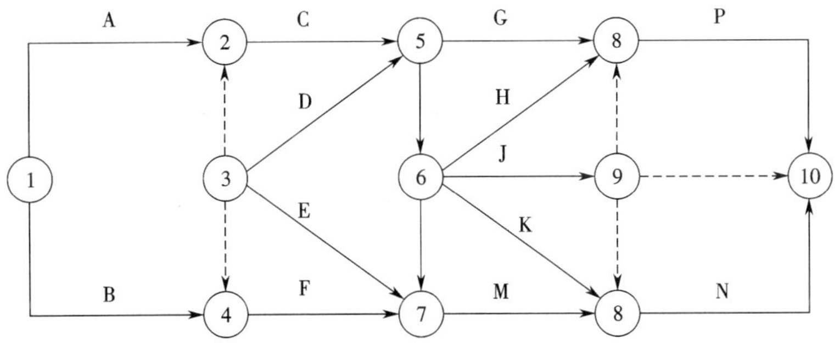

A. 多个终点节点　B. 存在循环回路　C. 多个起点节点　D. 节点编号有误

E. 有多余虚工作

【答案】CDE

【解析】有多个起点节点，即①和③；有两个⑧节点和节点指向错误③→②，故节点编号错误；有多余虚工作，即③→②和③→④。

3）双代号网络计划时间参数的计算【必会】

（1）工作持续时间（$D_{i\text{-}j}$）。

（2）工期（T）。

①计算工期（T_c）：根据网络计划时间参数计算出来的工期。

②要求工期（T_r）：业主要求的工期。

③计划工期（T_p）：根据要求工期和计算工期，项目经理部确定的作为实施目标的工期。

（3）网络计划图中工作的 6 个时间参数及其计算，如图 3-3-8 和图 3-3-9 所示。

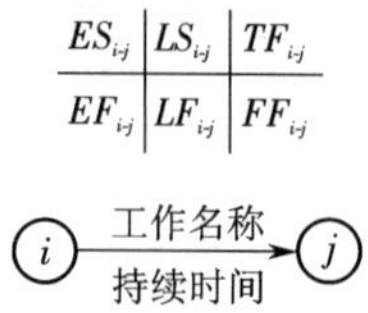

图 3-3-8　网络计划图中工作的 6 个时间参数

①若已知最早开始时间 $ES_{i\text{-}j}$，则最早完成时间 $EF_{i\text{-}j}=ES_{i\text{-}j}+D_{i\text{-}j}$。

②若已知最迟完成时间 $LF_{i\text{-}j}$，则最迟开始时间 $LS_{i\text{-}j}=LF_{i\text{-}j}-D_{i\text{-}j}$。

③总时差（$TF_{i\text{-}j}$）：在不影响总工期的前提下，工作 $i\text{-}j$ 可以利用的所有机动时间，$TF_{i\text{-}j}=LS_{i\text{-}j}-ES_{i\text{-}j}=LF_{i\text{-}j}-EF_{i\text{-}j}$。

④自由时差（$FF_{i\text{-}j}$）：在不影响其紧后工作最早开始的前提下，工作 $i\text{-}j$ 可以利用的机动时间，$FF_{i\text{-}j}=ES_{j\text{-}k}-EF_{i\text{-}j}$。

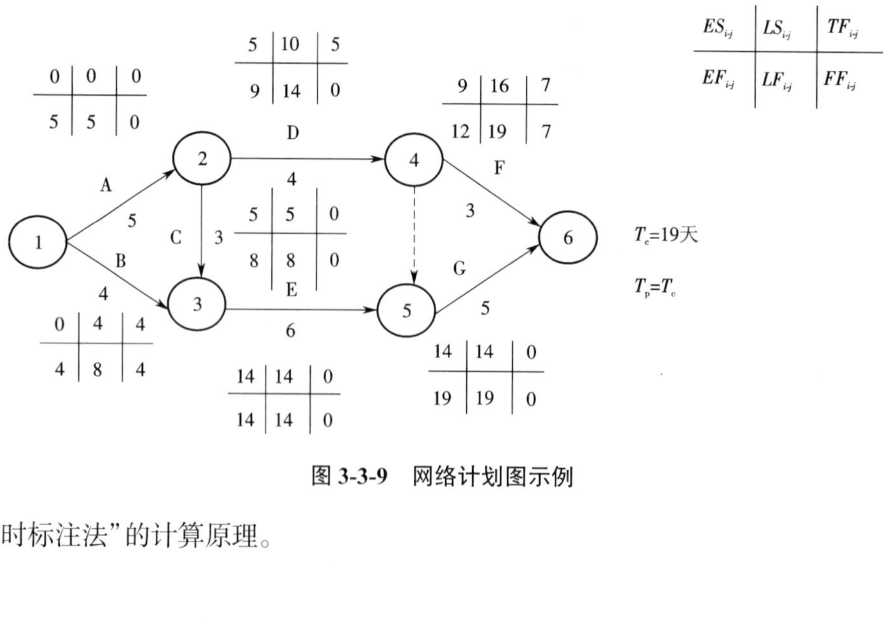

图 3-3-9　网络计划图示例

“六时标注法”的计算原理。

（1）ES、EF：定头算尾、顺加取大，得 T_c。

（2）LS、LF：根据 T_p，定尾算头、逆减取小。

（3）TF：$LS-ES$ 或 $LF-EF$。

（4）FF：紧后工作的 ES（如有多个取最小值）减本工作 EF。

【提示】时间参数的相关计算须掌握，每年必考，且此知识点常与实务中的进度联系起来考案例题。总时差和自由时差从概念的角度理解，总时差不影响总工期的机动时间，自由时差不影响紧后工作最早开始的机动时间。

【习题演练】

【例题 1·单选】下列关于双代号网络计划的工作最迟开始时间的说法，正确的是（　　）。

A. 最迟开始时间等于各紧后工作最迟开始时间的最小值减去持续时间

B. 最迟开始时间等于各紧后工作最迟开始时间的最大值

C. 最迟开始时间等于各紧后工作最迟开始时间的最小值

D. 最迟开始时间等于各紧后工作最迟开始时间的最大值减去持续时间

【答案】A

【解析】最迟开始时间（$LS_{i\text{-}j}$）是指在不影响整个任务按期完成的前提下，工作 $i\text{-}j$ 须开始的最迟时刻。最迟开始时间等于最迟完成时间减去其持续时间，即 $LS_{i\text{-}j}=LF_{i\text{-}j}-D_{i\text{-}j}$。

【例题 2·单选】某网络计划图中，工作 A 有两项紧后工作 C 和 D，C、D 工作的持续时间分别为 12 天、7 天，C、D 工作的最迟完成时间分别为第 18 天、第 10 天，则工作 A 的最迟完成时间是第（　　）天。

A.3　　B.5　　C.6　　D.8

【答案】A

【解析】工作 C 的最迟开始时间 = 最迟完成时间 − 持续时间 =18−12=6 天；工作 D 的最迟开始时间 = 最迟完成时间 − 持续时间 =10−7=3 天；工作 A 的最迟完成时间 = 紧后工作最迟开始时间的最小值 =min（6，3）=3 天。

【例题 3·单选】计算双代号网络计划的时间参数时，自由时差宜按（　　）计算。

A. 工作完成节点的最迟时间减去开始节点的最早时间再减去工作的持续时间

B. 所有紧后工作的最迟开始时间的最小值减去本工作的最早完成时间

C. 所有紧后工作的最早开始时间的最小值减去本工作的最早开始时间和持续时间

D. 本工作与所有紧后工作之间时间间隔的最小值

【答案】C

【解析】计算工作自由时差，当工作 $i\text{-}j$ 有紧后工作 $j\text{-}k$ 时，其自由时差 =min{紧后工作最早开始时间 − 本工作的最早完成时间} 或自由时差 =min{紧后工作最早开始时间 −（本工作最早开始 + 持续时间）}。

【例题 4·单选】某双代号网络计划图中，工作 M 的最早开始时间和最迟开始时间分别为第 12 天和第 15 天，其持续时间为 5 天；工作 M 有 3 项紧后工作，它们的最早开始时间分别为第 21 天、第 24 天和第 28 天，则工作 M 的自由时差为（　　）天。

A.4　　B.1　　C.8　　D.11

【答案】A

【解析】自由时差 = 紧后工作最早开始时间的最小值 - 本工作最早完成时间，M 工作最早完成时间 =12+5=17 天，则 M 的自由时差 =21-17=4 天。

4）关键工作和关键线路的确定【必会】

Ⅰ. 关键工作

关键工作指的是网络计划中总时差最小的工作。当计划工期等于计算工期时，总时差为零的工作就是关键工作，见图 3-3-10。

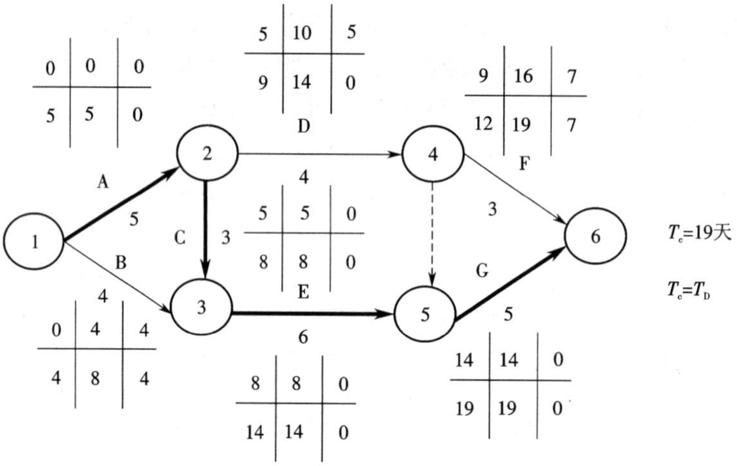

图 3-3-10　关键工作和关键线路

Ⅱ. 关键线路

自始至终全部由关键工作组成的线路为关键线路，或线路上总的工作持续时间最长的线路为关键线路。

【提示】关键工作的判断是总时差最小，而非自由时差。

【习题演练】

【例题 1·单选】双代号网络计划如下图所示（时间单位：天），其关键路线有(　　)条。

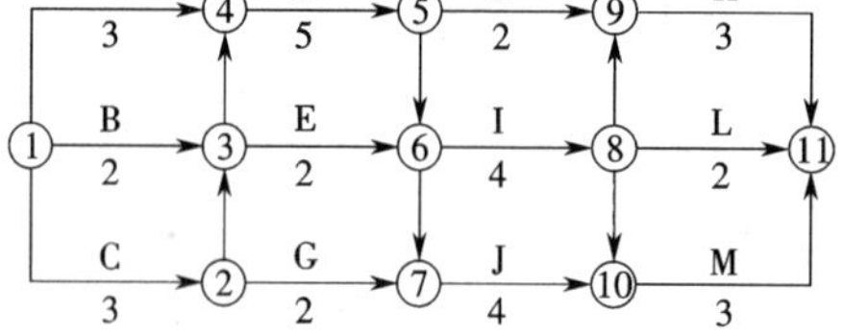

A.4　　B.5　　C.6　　D.7

【答案】C

【解析】在各条线路中，有一条或几条线路的总时间最长，称之为关键线路。本题关键线路如下：

1 → 4 → 5 → 6 → 8 → 9 → 11，工期 3+5+4+3=15 天；

1 → 4 → 5 → 6 → 8 → 10 → 11，工期 3+5+4+3=15 天；

1 → 4 → 5 → 6 → 7 → 10 → 11，工期 3+5+4+3=15 天；

1 → 2 → 3 → 4 → 5 → 6 → 8 → 9 → 11，工期 3+5+4+3=15 天；

1 → 2 → 3 → 4 → 5 → 6 → 8 → 10 → 11，工期 3+5+4+3=15 天；

1 → 2 → 3 → 4 → 5 → 6 → 7 → 10 → 11，工期 3+5+4+3=15 天。

因此，一共有 6 条关键线路。

【例题 2·多选】下列关于双代号网络计划的说法，正确的有（　　）。

A. 可能没有关键线路

B. 至少有一条关键线路

C. 当计划工期等于计算工期时，关键工作为总时差为零的工作

D. 在网络计划执行工程中，关键线路不能转移

E. 由关键节点组成的线路，就是关键线路

【答案】BC

【解析】A 错误、B 正确，一个网络计划中可能有一条或几条关键线路；C 正确，当计划工期等于计算工期时，总时差为零的工作就是关键工作；D 错误，在网络计划执行过程中，关键线路可能转移；E 错误，由关键节点组成的线路不一定是关键线路。

5）双代号网络图的简便算法

原理：累加时间取大定节点，减小定波线（图 3-3-11）。

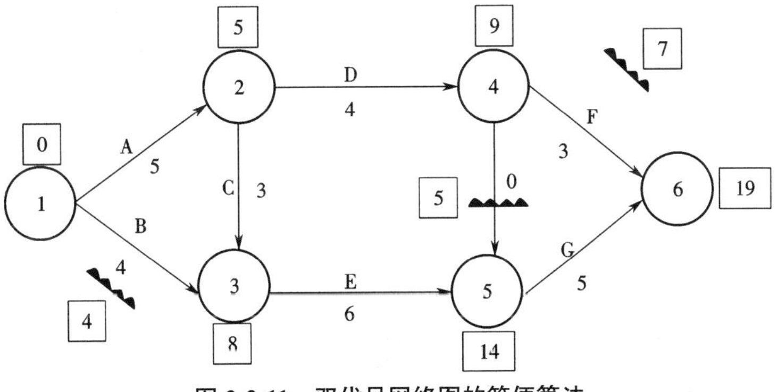

图 3-3-11　双代号网络图的简便算法

【习题演练】

【例题 1·单选】某双代号网络计划如下图所示（时间单位：天），其关键线路有（　　）条。

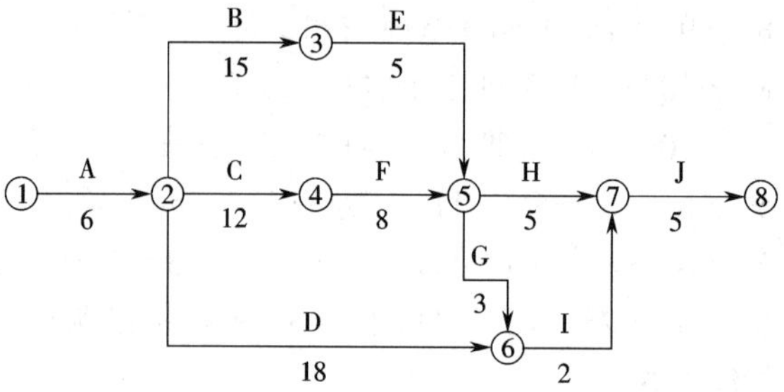

A.1 B.4 C.2 D.3

【答案】B

【解析】关键线路为持续时间最长的线路,图中的线路有

1→2→3→5→7→8,工期 6+15+5+5+5=36 天;

1→2→4→5→7→8,工期 6+12+8+5+5=36 天;

1→2→4→5→6→7→8,工期 6+12+8+3+2+5=36 天;

1→2→3→5→6→7→8,工期 6+15+5+3+2+5=36 天;

1→2→6→7→8,工期 6+18+2+5=31 天。

因此,关键线路有 4 条,即 B 正确。

【例题 2·单选】某建设工程网络计划如下图所示(时间单位:天),工作 C 的自由时差是(　　)天。

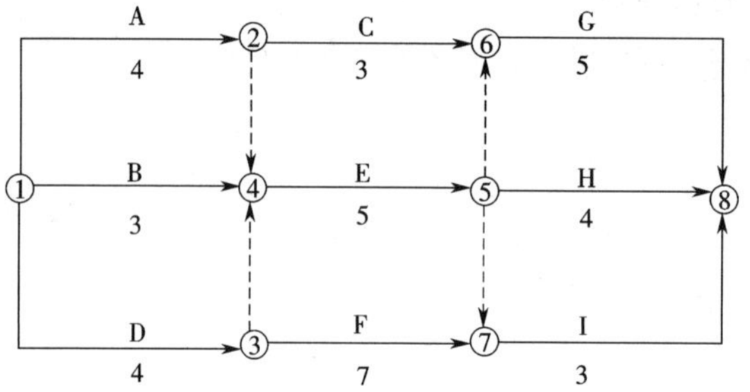

A.2 B.0 C.1 D.3

【答案】A

【解析】自由时差 = 紧后工作的最早开始时间 - 本工作的最早完成时间，C 工作的紧后工作只有 G 工作,由六时标注法可得出 G 工作的最早开始时间是 9，C 工作的最早完成时间是 7,所以 C 工作的自由时差 =9-7=2 天。

【例题 3·多选】某建设工程网络计划如下图所示(时间单位:月),该网络计划的关键线路有(　　)。

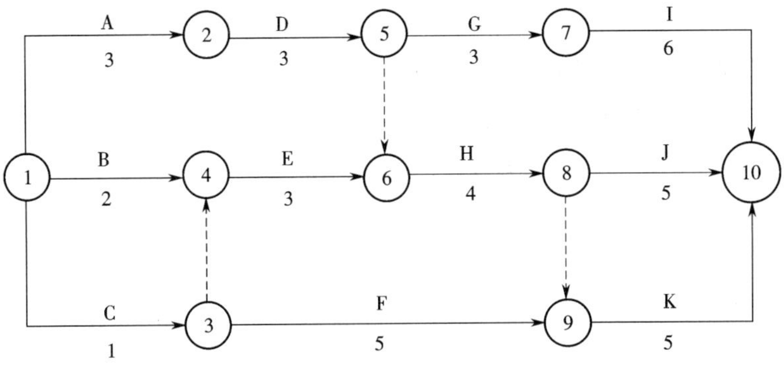

A.1 → 2 → 5 → 7 → 10　　B.1 → 4 → 6 → 8 → 10

C.1 → 2 → 5 → 6 → 8 → 10　　D.1 → 2 → 5 → 6 → 8 → 9 → 10

E.1 → 4 → 6 → 8 → 9 → 10

【答案】ACD

【解析】由关键线路定义，即总的工作持续时间最长的线路为关键线路，可判定出该网络计划有 3 条关键线路，分别是 1 → 2 → 5 → 7 → 10、1 → 2 → 5 → 6 → 8 → 10、1 → 2 → 5 → 6 → 8 → 9 → 10，工期为 15。

2. 单代号网络计划【必会】

1）单代号网络计划的基本概念

Ⅰ. 节点

单代号网络计划图（也称单代号网络图）中的每一个节点表示一项工作，如图 3-3-12 所示。

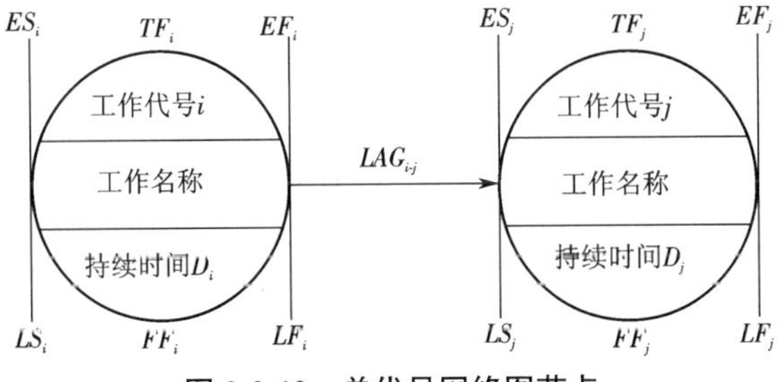

图 3-3-12　单代号网络图节点

【注意】箭线的箭尾节点编号应小于箭头节点的编号。一项工作须有唯一的一个节点及相应的一个编号。

Ⅱ. 箭线

（1）箭线表示紧邻工作之间的逻辑关系。

（2）箭线既不占用时间，也不消耗资源。

（3）无虚箭线（可用虚节点表示虚工作）。

Ⅲ.线路

节点编号从小到大依次表述。

【提示】单代号网络图没有虚箭线。

2)单代号网络图的绘图规则【必会】

(1)须正确地表达逻辑关系。

(2)严禁出现循环回路。

(3)严禁出现双向箭头、无箭头连线。

(4)严禁出现无箭尾节点、无箭头节点的箭线。

(5)箭线不宜交叉,不可避免时,可采用过桥法或指向法。

(6)只应有一个起点节点和终点节点。

当网络图中有多个起点节点或多个终点节点时,应在网络图的两端分别设置一项虚工作,作为该网络图的起点节点(St)和终点节点(Fin),如图 3-3-13 所示。

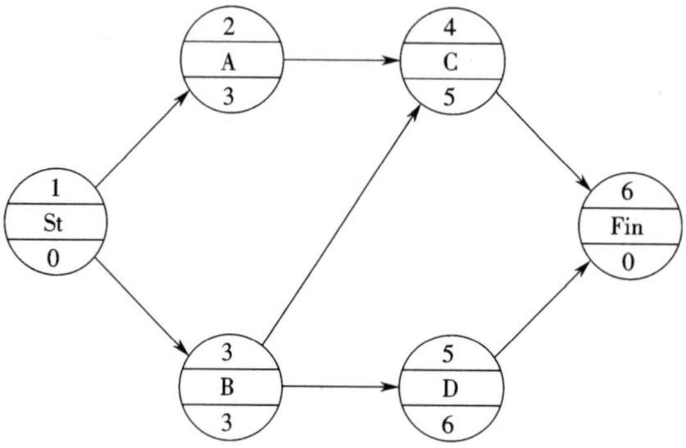

图 3-3-13　单代号网络图示例

【提示】绘图规则的重要程度同双代号网络图,学会挑错。

【习题演练】

【例题·单选】某单代号网络图如下图所示,其存在的错误有(　　)。

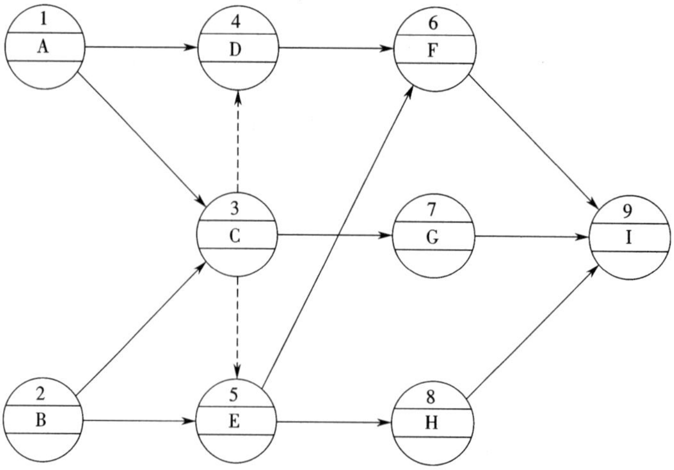

A. 多个起点节点　　B. 有多余虚箭线
C. 出现交叉箭线　　D. 没有终点节点
E. 出现循环回路

【答案】ABC

【解析】单代号网络计划图的特点包括:工作之间的逻辑关系容易表达,且不用虚箭线,故绘图较简单;网络图便于检查和修改。单代号网络图中只应有一个起点节点,故 A 错误;单代号网络计划中不用虚箭线,故 B 错误;单代号网络计划中,箭线不宜交叉,当交叉不可避免时,可采用过桥法或指向法,故 C 错误。

3)单代号网络计划时间参数的计算

采用六时标注法,同双代号网络图,具体如图 3-3-12 所示。

Ⅰ. 时间间隔的计算【必会】

计算如图 3-3-14 所示单代号网络图中工作 D 与工作 H、I 的时间间隔,以及工作 D 的自由时差、总时差。

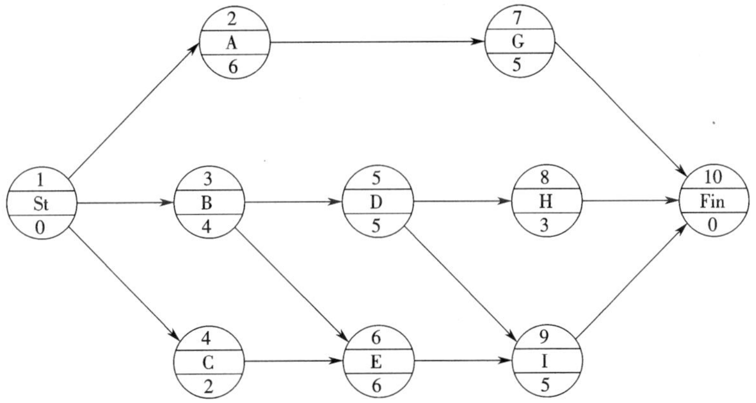

图 3-3-14　单代号网络图示例

【提示】单代号网络图与双代号网络图的计算规则相同。但应注意时间间隔 *LAG* 的理解,区分时间间隔与自由时差,时间间隔是紧后工作最早开始时间与本工作最早完成时间的差值,自由时差是时间间隔的最小值。

【习题演练】

【例题 1·单选】某单代号网络计划如下图所示(时间单位:天),工作 C 的最迟开始时间是(　　)天。

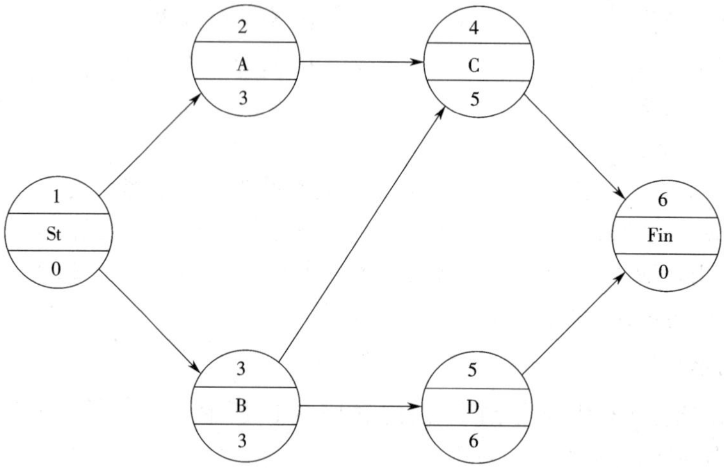

A.0　　B.1　　C.3　　D.4

【答案】D

【解析】单代号网络计划图中工作的最迟开始时间 = 本工作的最迟完成时间 - 本工作的持续时间 = 9-5=4 天。

【例题 2·单选】某网络计划中，工作 F 有且仅有两项并行的紧后工作 G 和 H，G 工作的最迟开始时间为第 12 天，最早开始时间为第 8 天；H 工作的最迟完成时间为第 14 天，最早完成时间为第 12 天；工作 F 和 G、H 的时间间隔分别为 4 天和 5 天，则 F 工作的总时差为（　　）天。

A.4　　B.7　　C.5　　D.8

【答案】B

【解析】根据公式，总时差 TF_i 等于该工作的各个紧后工作的总时差 TF_j 加该工作与其紧后工作之间的时间间隔 $LAG_{i\text{-}j}$ 之和的最小值，即 G 工作的总时差 =12-8=4 天，H 工作的总时差 =14-12=2 天，所以 F 工作的总时差 =min{4+4，5+2}=7 天，所以 TF_F=7 天。

Ⅱ. 关键工作和关键线路的确定【必会】

（1）关键工作：总时差最小的工作是关键工作。

（2）关键线路的确定按以下规定：从起点节点开始到终点节点均为关键工作，且所有工作的时间间隔为零的线路为关键线路。

【注意】单代号网络图与双代号网络图的区别。

【习题演练】

【例题·单选】在工程项目网络计划中，关键线路是指（　　）。

A. 单代号网络计划中总时差为零的线路

B. 双代号网络计划中持续时间最长的线路

C. 单代号网络计划中从起点节点开始到终点节点均为关键工作的线路

D. 双代号网络计划中无虚箭线的线路

【答案】B

【解析】双代号网络计划中,总时差最小的工作是关键工作,自始至终全部由关键工作组成的线路为关键线路,或线路上总的持续时间最长的线路为关键线路,故 B 正确、D 错误;单代号网络计划中,从起点节点开始到终点节点均为关键工作,所有工作的时间间隔为零的线路为关键线路,故 A、C 错误。

4)网络图中关键线路的调整

当计算工期不能满足计划工期时,需要压缩关键工作的持续时间。压缩关键工作持续时间的原则如下:

(1)缩短持续时间对质量和安全影响不大的工作;

(2)有充足备用资源的工作;

(3)缩短持续时间所需增加费用最少的工作等。

【提示】压缩关键工作时应考虑三个方面,即质量和安全、资源、费用,常考多选题型。

【习题演练】

【例题·多选】在工程网络计划工期优化过程中,在选择缩短持续时间的关键工作时,应考虑的因素有(　　)。

A. 持续时间最长的工作

B. 缩短持续时间对质量和安全影响不大的工作

C. 缩短持续时间所需增加费用最少的工作

D. 缩短持续时间对综合效益影响不大的工作

E. 有充足备用资源的工作

【答案】BCE

【解析】当计算工期不能满足计划工期时,可设法通过压缩关键工作的持续时间,满足计划工期要求。在选择缩短持续时间的关键工作时,宜考虑下述因素:

(1)缩短持续时间不影响质量和安全的工作;

(2)有充足备用资源的工作;

(3)缩短持续时间所需增加费用相对较少的工作等。

☆知识点导图(图 3-3-15)

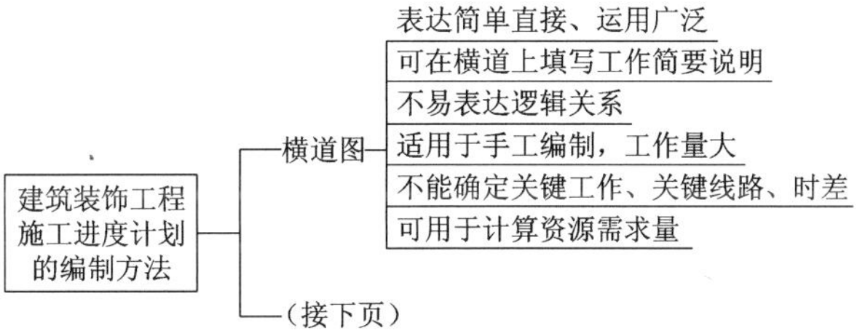

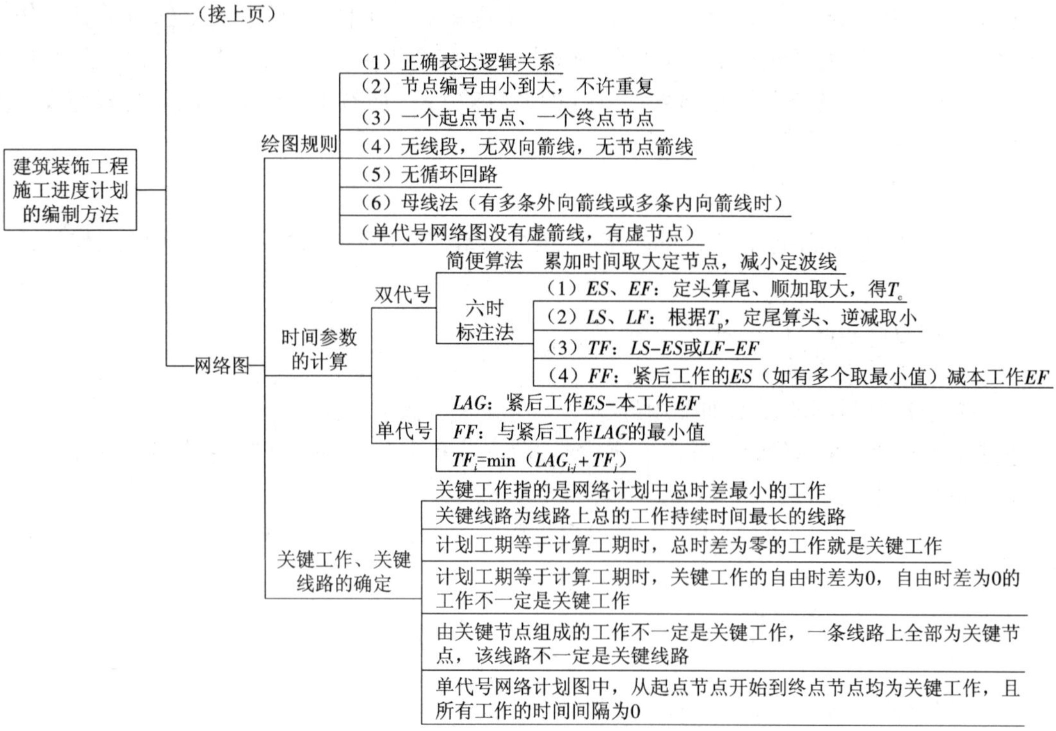

图 3-3-15　建筑装饰工程施工进度计划的编制方法

第 4 节　施工进度控制的任务和措施

☆知识点概括

1. 施工进度控制的任务
2. 施工进度控制的措施

☆知识点剖析

1　施工进度控制的任务

（1）施工方进度控制的任务是依据施工任务委托合同对施工进度的要求控制施工工作进度。

（2）施工方进度控制的主要工作环节：

①编制施工进度计划及相关的资源需求计划；

②组织施工进度计划的实施；

③施工进度计划的检查与调整。

1. 施工进度计划检查的内容

(1)工程量的完成情况。
(2)工作时间的执行情况。
(3)资源使用及进度保证的情况。
(4)前一次进度计划检查提出问题的整改情况。

2. 施工进度计划检查后编制进度报告

进度报告应包括以下内容:
(1)进度计划实施情况的综合描述;
(2)实际工程进度与计划进度的比较;
(3)进度计划在实施过程中存在的问题及其原因分析;
(4)进度执行情况对工程质量、安全和施工成本的影响情况;
(5)将采取的措施;
(6)进度的预测。

3. 施工进度计划调整的内容

(1)工程量的调整。
(2)工作(工序)起止时间的调整。
(3)工作关系的调整。
(4)资源提供条件的调整。
(5)必要目标的调整。

2　施工进度控制的措施

1. 组织措施

应充分重视健全项目管理的组织体系,应有专门的进度控制岗位人员,编制及调整进度计划、组织论方面的措施,加强进度计划审批程序、会议等。

2. 管理措施

施工方进度控制的管理措施如下:
(1)管理的思想、管理的方法、管理的手段;
(2)承发包模式、物资采购模式;
(3)合同管理和风险管理;
(4)工程网络计划;
(5)应重视信息技术在进度控制中的应用。

3. 经济措施

施工进度控制的经济措施涉及工程资金需求计划和加快施工进度的经济激励措施等。

(1)为确保进度目标的实现,应编制与进度计划相适应的资源需求计划(资源进度计划),包括资金需求计划和其他资源(人力和物力资源)需求计划,以反映工程施工的各时段所需要的资源。通过资源需求的分析,可发现编制的进度计划实现的可能性。若资源条件不具备,则应调整进度计划。

(2)在编制工程成本计划时,应考虑加快工程进度所需要的资金,其中包括为实现施工进度目标将要采取的经济激励措施所需要的费用。

4. 技术措施

(1)设计技术:不同的设计理念、设计技术路线、设计方案。

(2)施工技术:改变施工技术、施工方法和施工机械等。

☆知识点导图(图 3-4-1)

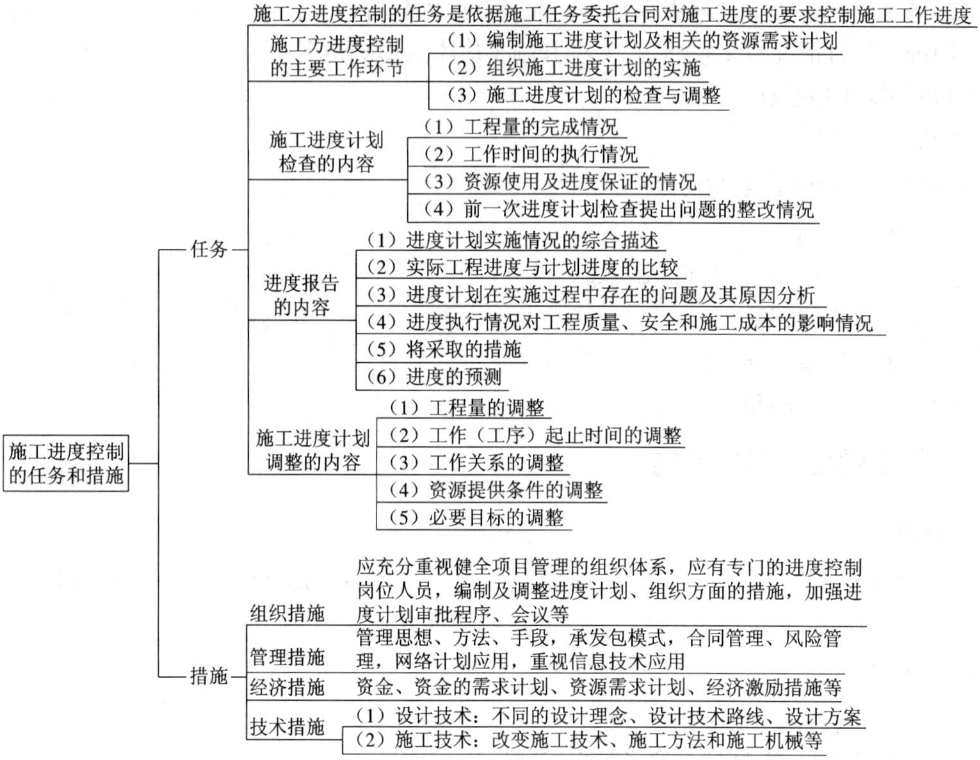

图 3-4-1　施工进度控制的任务和措施

章节习题

一、单项选择题

1. 在进行建设工程项目总进度目标控制前,首先应(　　)。

A. 进行项目结构分析　　B. 确定项目的工作编码

C. 编制各层进度计划　　D. 分析和论证目标实施的可能性

2. 下列关于建设工程项目管理进度计划系统的说法，正确的是(　　)。

A. 由多个相互独立的进度计划组成

B. 由项目各参与方共同参与编制

C. 其建立是逐步完善的过程

D. 一个特定项目的进度计划系统是唯一的

3. 下列建设工程项目进度控制工作中，属于施工方进度控制任务的是(　　)。

A. 部署项目动用前准备工作进度　　B. 协调设计、招标的工作进度

C. 控制施工工作进度　　D. 编制供货进度计划

4. 编制控制性施工进度计划的主要目的是(　　)。

A. 合理安排施工企业计划周期内的生产活动

B. 具体指导建设工程施工

C. 确定项目实施计划周期内的资金需求

D. 对施工承包合同所规定的施工进度目标进行再论证

5. 某网络计划中，工作 M 的最早完成时间是第 8 天，最迟完成时间是第 13 天，工作的持续时间是 4 天，与所有紧后工作的间隔时间最小值是 2 天，则该工作的自由时差为(　　)天。

A.2　　B.3　　C.4　　D.5

6. 单代号网络计划时间参数计算中，相邻两项工作之间的时间间隔($LAG_{i\text{-}j}$)为(　　)。

A. 紧后工作最早开始时间和本工作最早开始时间之差

B. 紧后工作最早完成时间和本工作最早开始时间之差

C. 紧后工作最早开始时间和本工作最早完成时间之差

D. 紧后工作最迟完成时间和本工作最早完成时间之差

二、多项选择题

1. 在项目实施阶段，项目总进度计划包括(　　)。

A. 招标工作进度　　B. 保修工作进度　　C. 设计工作进度　　D. 工程施工进度

E. 物资采购工作进度

2. 下列关于施工进度计划及其类型的说法，正确的有(　　)。

A. 建设工程项目施工进度计划应依据企业的施工生产计划合理安排

B. 施工企业的生产计划编制需要往复多次的协调过程

C. 建设工程项目施工进度计划一般由业主编制

D. 施工企业的施工生产计划属于工程项目管理的范畴

E. 施工企业的月度生产计划属于实施性施工进度计划

3. 按计划的功能划分，建设工程项目施工进度计划分为(　　)。

A. 控制性进度计划　　B. 指示性进度计划

C. 指导性进度计划　　D. 总结性进度计划

E. 实施性进度计划

4. 下列关于建设工程项目进度计划系统的说法，正确的有(　　)。

A. 项目进度计划系统是项目进度控制的依据
B. 项目进度计划系统在项目实施前应建立并完善
C. 项目各参与方可以编制多个不同的进度计划系统
D. 项目进度计划系统中各计划应注意联系与协调
E. 项目进度计划系统可以有多个不同周期的进度计划完成

第 4 章　建筑装饰工程施工质量管理

【章节概述】质量管理与质量控制内容紧密联系，本章包括 5 节，其中第 1、2 节讲的是基本概念，如“什么是质量管理”以及“影响工程质量的因素”；第 3、4 节讲的是“如何控制工程质量”以及“质量事故的分类和处理”；第 5 节讲的是“政府的质量监督”。

建设工程质量不仅关系到建设工程的适用性、可靠性、耐久性和建设项目的投资效益，而且与人民群众生命和财产安全直接相关。切实加强建设工程施工质量管理，预防和正确处理可能发生的工程质量事故，保证工程质量达到预期目标，是建设工程施工管理的主要任务之一。

我国《建设工程质量管理条例》（国务院令第 279 号）规定，参与工程建设各方依法对建设工程质量负责，施工单位对建设工程的施工质量负责。

第 1 节　建筑装饰工程施工质量管理与施工质量控制

☆知识点概括

1. 施工质量管理与施工质量控制的内涵
2. 影响施工质量的主要因素
3. 施工质量控制的特点与责任

☆知识点剖析

1　施工质量管理与施工质量控制的内涵

1. 质量与施工质量

施工质量是指建设工程施工活动及其产品的质量，即通过施工使工程的固有特性满足建设单位（业主或顾客）需要并符合国家法律、行政法规和技术标准、规范的要求，包括在安全、使用功能、耐久性、环境保护等方面满足所有明示和隐含的需要和期望的能力的特性总和。施工质量特性主要体现在由施工形成的建设工程的适用性、耐久性、安全性、可靠性、经济性及与环境的协调性等六个方面。

（1）质量的定义：不仅指产品的质量，也包括产品生产活动或过程的工作质量，还包括质量管理体系运行的质量。

（2）施工质量是指建设工程施工活动及其产品的质量。施工质量特性主要体现在建筑工程的适用性、耐久性、安全性、可靠性、经济性及与环境的协调性等六个方面。（“施（适）耐庵（安）可劲（经）写（协）”）

2. 质量管理与施工质量管理

（1）质量管理是关于质量的管理，是在质量方面指挥和控制组织的协调活动，包括建立和确定质量方针和质量目标，并在质量管理体系中通过质量策划、质量保证、质量控制和质量改进等手段来实施全部质量管理职能，从而实现质量目标的所有活动。

（2）施工质量管理是指在工程项目施工安装和竣工验收阶段，指挥和控制施工组织关于质量的相互协调的活动。

3. 质量控制与施工质量控制

根据《质量管理体系 基础和术语》（GB/T 19000—2016）的定义，质量控制是质量管理的一部分，致力于满足质量要求。

施工质量控制是为了实现施工质量目标而进行的事前控制、事中控制和事后控制的系统过程。

4. 施工质量要达到的基本要求

（1）“按图施工”：符合勘察、设计的要求。

（2）“依法施工”：符合法律、法规的要求。

（3）“践约施工”：符合承包合同约定的要求。

“合格”是对施工质量最基本的要求。

2 影响施工质量的主要因素

影响施工质量的主要因素有人（Man）、材料（Material）、机械（Machine）、方法（Method）及环境（Environment）等五大方面，即“4M1E”，见表 4-1-1。

表 4-1-1 影响施工质量的主要因素

因素	要点
人	起着决定性作用，是施工质量控制的基本出发点
材料	包括原材料、半成品、成品、构配件、周转性材料，各类材料是工程施工的物质条件，材料质量是工程质量的基础
机械	包括工程设备、施工机械和各类施工工器具，施工机械、设备是所有施工方案、工法得以实施的物质基础
方法	包括施工技术方案、施工工艺、工法和施工技术措施等

续表

因素	要点
环境	自然环境因素：地质、水文、气象、不可抗力的影响
	管理环境因素：施工单位质量管理体系、质量管理制度和各参建施工单位之间的协调等因素
	施工作业环境因素：通风、照明、安全防护设施、交通运输、道路条件等

【提示】重点掌握三大环境因素的举例。

3　施工质量控制的特点与责任

1. 施工质量控制的特点【必会】

施工质量控制的特点是由建设项目的工程特点和施工生产的特点决定的，施工质量控制必须考虑和适应这些特点，进行有针对性的管理。

（1）需要控制的因素多（“人、机、料、法、环”）。

（2）控制的难度大（流动性、人员多、工序多、关系复杂、工作环境差）。

（3）过程控制要求高（衔接多、交接多、隐蔽工程多）。

（4）终检局限大（只能表面检查，隐蔽部分无法检查）。

2. 施工质量控制的责任

我国的相关法规规定了施工单位及其他参建单位的施工质量控制责任。

（1）《建设工程质量管理条例》的相关规定如下。

①施工单位对建设工程的施工质量负责。施工单位应当建立质量责任制，确定工程项目的项目经理、技术负责人和施工管理负责人。建设工程实行总承包的，总承包单位应当对全部建设工程质量负责。

②分包单位应当按照分包合同的约定对其分包工程的质量向总承包单位负责，总承包单位与分包单位对分包工程的质量承担连带责任。

（2）住房和城乡建设部发布的《建筑工程五方责任主体项目负责人质量终身责任追究暂行办法》（建质〔2014〕124 号）的相关规定如下。

①建筑工程五方责任主体项目负责人是指承担建筑工程项目建设的建设单位项目负责人、勘察单位项目负责人、设计单位项目负责人、施工单位项目经理、监理单位总监理工程师。

②建筑工程五方责任主体项目负责人质量终身责任是指参与新建、扩建、改建的建筑工程项目负责人按照国家法律法规和有关规定，在工程设计使用年限内对工程质量承担相应责任。

③符合下列情形之一的，县级以上地方人民政府住房和城乡建设主管部门应当依法追究项目负责人的质量终身责任：

发生工程质量事故；

发生投诉、举报、群体性事件、媒体报道并造成恶性社会影响的严重工程质量问题；

由于勘察、设计或施工原因造成尚在设计使用年限的建筑工程不能正常使用；

存在其他需追究责任的违法违规行为。

☆知识点导图(图 4-1-1)

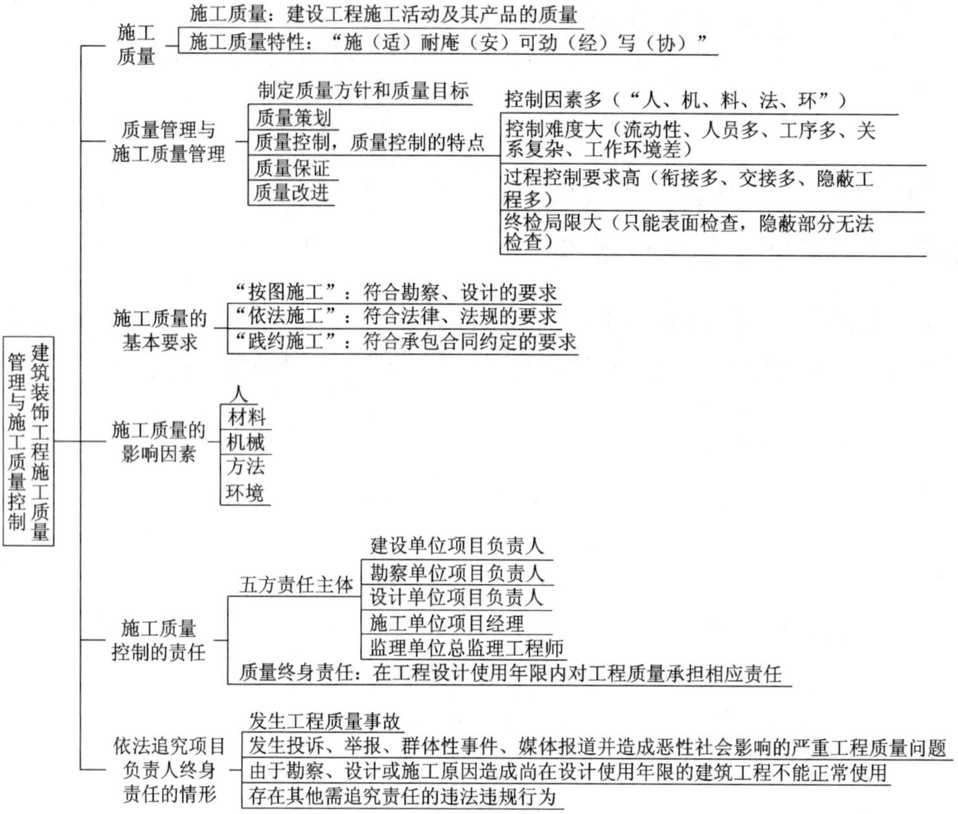

图 4-1-1　建筑装饰工程施工质量管理与施工质量控制

第 2 节　建筑装饰工程施工质量管理体系

☆知识点概括

1. 工程项目施工质量保证体系的建立和运行
2. 施工企业质量管理体系的建立和认证

☆知识点剖析

所谓"体系"，是指相互关联或相互影响的一组要素。质量保证体系是为了保证某项产品或某项服务能满足给定的质量要求的体系，是质量方针和目标，以及为实现目标所建立的组织结构系统、管理制度办法、实施计划方案和必要的物质条件组成的整体。质量保证体系的运行包括该体系全部有目标、有计划的系统活动。

在工程项目施工中，完善的质量保证体系是满足用户质量要求的保证。施工质量保证体系通过对那些影响施工质量的要素进行连续评价，对建筑、安装、检验等工作进行检查，并提供证据。质量保证体系是企业内部的一种系统的技术和管理手段。在合同环境中，施工质量保证体系可以向建设单位（业主）证明施工单位具有足够的管理和技术上的能力，保证全部施工是在严格的质量管理中完成的，从而取得建设单位（业主）的信任。

1　工程项目施工质量保证体系的建立和运行

1. 施工质量保证体系的内容【必会】

工程项目的施工质量保证体系以控制和保证施工产品质量为目标，从施工准备、施工生产到竣工投产的全过程，运用系统的概念和方法，在全体人员的参与下，建立一套严密、协调、高效的全方位管理体系，从而实现工程项目施工质量管理的制度化、标准化。其内容主要包括以下几个方面（表 4-2-1）。

1）项目施工质量目标

项目施工质量保证体系须有明确的质量目标，并符合项目质量总目标的要求。质量目标要以工程承包合同为基本依据，逐级分解目标以形成在合同环境下的各级质量目标。项目施工质量目标的分解主要从两个角度展开：从时间角度展开，实施全过程的控制；从空间角度展开，实现全方位和全员的质量目标管理。

2）项目施工质量计划

项目施工质量计划以特定项目为对象，是将施工质量验收统一标准、企业质量手册和程序文件的通用要求与特定项目联系起来的文件，应根据企业的质量手册和项目质量目标来编制。施工质量计划可以按内容分为施工质量工作计划和施工质量成本计划。施工质量工作计划的主要内容包括：项目质量目标的具体描述；对整个项目施工质量形成的各工作环节的责任和权限的定量描述；采用的特定程序、方法和工作指导书；重要工序的试验、检验、验证和审核大纲；质量计划修订和完善的程序；为达到质量目标所采取的其他措施。施工质量成本计划是规定最佳质量成本水平的费用计划，是开展质量成本管理的基准。质量成本可分为运行质量成本和外部质量保证成本。运行质量成本是指为运行质量体系达到和保持规定的质量水平所支付的费用，包括预防成本、鉴定成本、内部损失成本和外部损失成本。外部质量保证成本是指依据合同要求向顾客提供所需要的客观证据所支付的费用，包括采用特殊的和附加的质量保证措施、程序以及检测试验和评定的费用。

3）思想保证体系

思想保证体系是项目施工质量保证体系的基础。该体系就是运用全面质量管理的思想、观点和方法，使全体人员树立“质量第一”的观点，增强质量意识，在施工的全过程中全面贯彻“一切为用户服务”的思想，以达到提高施工质量的目的。

4）组织保证体系

工程施工质量是各项管理工作成果的综合反映，也是管理水平的具体体现。项目施工质量保证体系必须建立健全各级质量管理组织，分工负责，形成一个有明确任务、职责、权限，互相协调和互相促进的有机整体。组织保证体系主要由健全各种规章制度，明确规定各职能部门主管人员和参与施工人员在保证和提高工程质量中所承担的任务、职责和权限，落实建筑工人实名制管理，建立质量信息系统等内容构成。

5）工作保证体系

工作保证体系主要是明确工作任务和建立工作制度，落实在以下三个阶段。

（1）施工准备阶段。施工准备是为整个项目施工创造条件。准备工作的好坏，不仅直接关系到工程建设能否高速、优质地完成，而且也决定了能否对工程质量事故起到一定的预防、预控作用。在这个阶段要完成各项技术准备工作，进行技术交底和技术培训，制定相应的技术管理制度；按质量控制和检查验收的需要，对工程项目进行划分并分级编号；建立工程测量控制网和测量控制制度；进行施工平面设计，建立施工场地管理制度；建立健全材料、机械管理制度等。

（2）施工阶段。施工过程是建筑产品形成的过程，这个阶段的质量控制是确保施工质量的关键。必须加强工序管理，严格按照规范进行施工，建立质量检查制度，实行自检、互检和专检，应用建筑信息模型技术，强化过程控制，以确保施工阶段的工作质量。

（3）竣工验收阶段。工程竣工验收，是指单位工程或单项工程竣工，经检查验收，移交给下道工序或移交给建设单位。这一阶段主要应做好成品保护，严格按规范标准进行检查验收和必要的处置，不让不合格工程进入下一道工序或进入市场，并做好相关资料的收集整理和移交，建立回访制度等。

表 4-2-1　施工质量保证体系的内容

内容	要点
项目施工质量目标	以工程合同为基本依据，逐级分解得到各级质量目标： （1）时间角度：实施全过程的质量控制； （2）空间角度：全方位、全员的质量控制
项目施工质量计划	（1）质量计划应根据企业的质量手册和项目质量目标编制； （2）质量计划分为施工质量工作计划和施工质量成本计划，质量成本分为运行质量成本和外部质量保证成本
思想保证体系	思想保证体系是质量保证体系的基础： （1）“质量第一”； （2）“一切为用户服务的思想”
组织保证体系	（1）成立 QC（质量管理）小组； （2）健全规章制度； （3）明确各人员的任务、职责和权限； （4）建立质量信息系统等
工作保证体系	工作保证体系包括明确工作任务、建立工作制度： （1）施工准备阶段（事前预防、控制，例如技术交底、技术培训）； （2）施工阶段（建立质量检查制度，实行自、互、专检以及开展群众性的 QC 活动）； （3）竣工验收阶段（成品保护，不允许不合格的产品进入下一道工序，资料的整理和移交，建立回访制度等）

2. 施工质量保证体系的运行【必会】

施工质量保证体系的运行应以质量计划为主线，以过程管理为重心，应用PDCA（计划，Plan；实施，Do；检查，Check；处理，Action）循环的原理，按照计划、实施、检查和处理的步骤展开。

1）计划

计划是质量管理的首要环节，包括确定质量管理目标和制订质量保证工作计划/行动方案。

2）实施

实施包含两个环节：计划行动方案的交底（首要）和按计划规定的方法及要求展开的施工作业技术活动。

3）检查

检查包括两个方面：检查是否严格执行计划的行动方案；检查计划执行的结果。

4）处理

处理是指纠正计划执行中的偏差。

2 施工企业质量管理体系的建立和认证

管理体系是制定管理方针和目标并实现这些目标的体系。施工企业质量管理体系是在质量方面指挥和控制企业的管理体系，即施工企业为实施质量管理而建立的管理体系。施工企业质量管理体系应按照我国现行质量管理体系标准建立和认证，提升合规经营能力，为提升企业管理水平和建筑工程品质奠定基础。

1. 质量管理的七项原则

（1）以顾客为关注焦点。

（2）领导作用。

（3）全员参与。

（4）过程方法。

（5）改进。

（6）循证决策。

（7）关系管理。

2. 企业质量管理体系文件的构成

质量管理体系标准明确要求，企业应有完整和科学的质量体系文件，这是企业开展质量管理的基础，也是企业为达到所要求的产品质量，实施质量体系审核、认证，进行质量改进的重要依据。质量管理体系的文件主要由质量手册、程序文件、质量计划和质量记录等构成。

（1）质量手册：纲领性文件，质量管理体系的规范，是阐明一个企业的质量政策、质量体系、实践的文件，包括质量方针、质量目标、质量审查、修改和控制管理办法等。

（2）程序文件：是质量手册的支持性文件，为落实质量手册的要求而规定的实施细则，如文件控制程序、内部审核程序、不合格产品控制程序等。

(3)质量计划:针对特定的产品、过程、合同、项目,制定出的专门质量措施和活动顺序的文件,包括该项目各阶段的责任与权限、为实现目标须采取的措施等。

(4)质量记录:是产品质量水平和质量体系中各项活动进行及结果的客观反映(可追溯性)。

3. 企业质量管理体系的认证与监督

(1)质量管理体系由第三方认证机构进行认证,企业获准认证的有效期为三年。

(2)企业获准认证后,经常进行内部审核,每年一次监督管理。其中,监督管理的工作任务有企业通报、监督检查、认证注销(自愿)、认证暂停、认证撤销、复评及重新换证。

☆知识点导图(图 4-2-1)

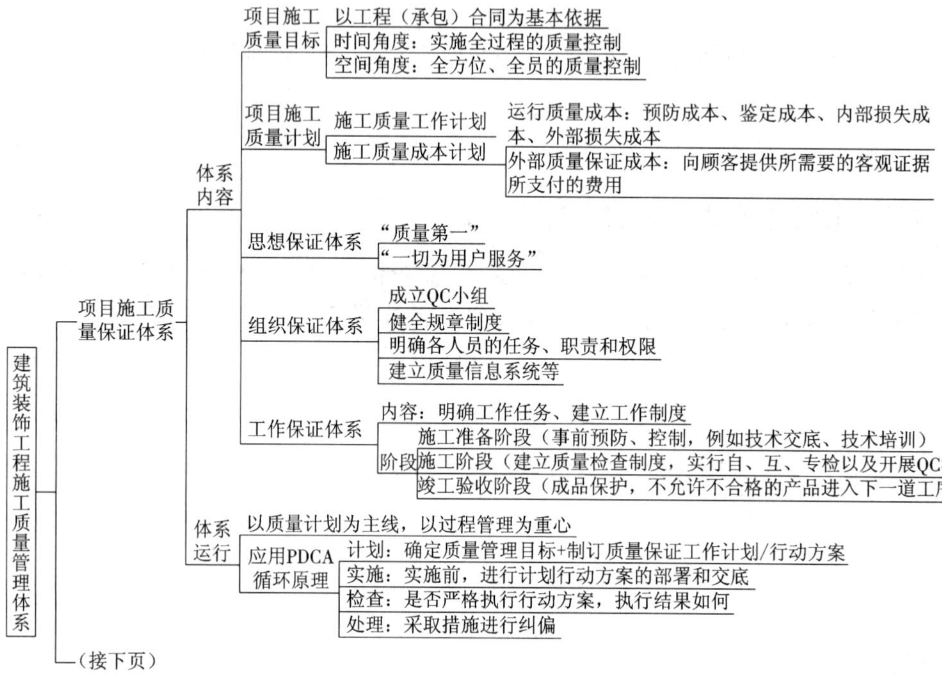

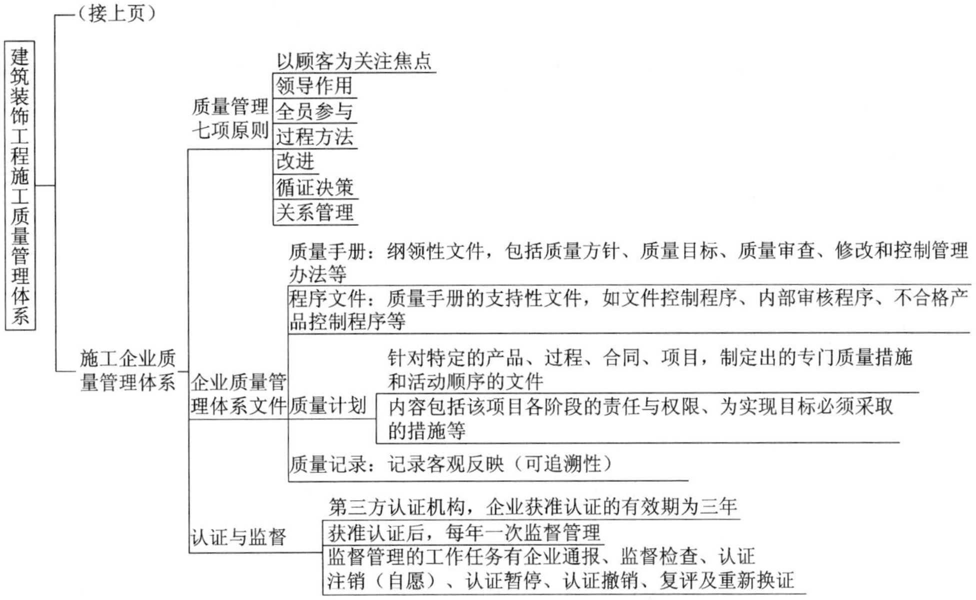

图 4-2-1　建筑装饰工程施工质量管理体系

第 3 节　建筑装饰工程施工质量控制的内容和方法

☆知识点概括

1. 施工质量控制的基本环节和一般方法
2. 施工准备的质量控制
3. 施工过程的质量控制
4. 施工质量验收的规定和方法

☆知识点剖析

1　施工质量控制的基本环节和一般方法

1. 施工质量控制的基本环节

（1）事前质量控制：编计划，明目标，定方案，设置质量管理点，落实质量责任，分析可能的影响因素，主动控制，防患于未然。

（2）事中质量控制：对各种因素进行动态控制，先行为约束，再对过程和结果进行监督控制。关键是坚持质量标准；控制的重点是工序质量控制、工作质量控制和质量控制点的控制。

（3）事后质量控制：对质量活动结果进行评价、认定，对质量进行纠偏，重点是保持质量处于受控状态。

2. 施工质量控制的内容

现场质量检查的内容：开工前的检查、工序交接检查（“三检”，即自、互、专检）、隐蔽工程检查、停工后复工的检查、分项分部工程完工后的检查、成品保护的检查。

3. 现场质量检查的方法

目测法：看、摸、敲、照。

实测法：靠、量、吊、套。

实验法：理化实验、无损实验。

2　施工准备的质量控制

1. 技术准备的质量控制

技术准备的质量控制主要在室内进行，包括绘图及审阅工作，编施工作业技术指导书，进行技术交底、技术培训，制订施工质量控制计划，设置质量控制点，明确关键部位质量管理点。

2. 现场施工准备的质量控制

1）工程定位和标高基准的控制

工程测量放线是建设工程产品由设计转化为实物的第一步。施工单位将复测数据结果上报监理工程师审核批准。

2）施工平面布置的控制

建设单位事先划定并提供施工用地和现场临时设施用地的范围，施工单位要严格按照批准的施工平面布置图，科学合理地使用场地，正确安装设置施工机械设备，合理控制材料的进场与堆放，保证充分的给水和供电。建设单位应会同施工单位制定严格的施工场地管理制度、施工纪律和相应的奖惩措施，并做好施工现场平面管理的检查记录。

3. 材料的质量控制

1）采购订货关

施工单位应制订合理的材料采购供应计划，选用已经建材备案的、达到建设工程设计文件要求的建材产品。

2）进场检验关

施工单位应当建立建材进场验证制度，严格核验相关的建材备案证、产品质量保证书、有效期内的产品检测报告等，并按规定对进场建材进行复验把关，重要建材的使用，须经过监理工程师签字和项目经理签准。必要时，监理工程师应对进场建材进行平行检验。

混凝土预制构件出厂时的混凝土强度不宜低于设计混凝土强度等级值的75%。

3）存储和使用关

施工单位须加强材料进场后的存储和使用管理，避免材料变质和使用规格、性能不符合要求的材料而造成工程质量事故。

4. 施工机械设备的质量控制

(1)机械设备的选型:应按照技术上先进、生产上适用、经济上合理、使用上安全、操作上方便的原则进行。

(2)主要性能参数指标的确定:须满足施工的需要和保证质量的要求。

(3)使用操作要求:坚持"持证上岗"和"人机固定"原则,实行定机、定人、定岗位职责的使用管理制度。

3　施工过程的质量控制

1. 技术交底

项目开工前应由项目技术负责人向承担施工的负责人或分包人进行书面技术交底,技术交底资料应办理签字手续并归档保存。

技术交底书应由施工项目技术人员编制,并经项目技术负责人批准实施。

2. 测量控制

项目开工前应编制测量控制方案,经项目技术负责人批准后实施。

进行施工测量复核工作,复核结果报送监理工程师复验确认后,方能进行后续相关工序的施工。

3. 计量控制

计量控制的主要任务是统一计量单位制度,组织量值传递,保证量值统一。

计量控制的工作重点是建立计量管理部门和配置计量人员;建立健全规章制度;严格按规定使用、保管、维修和检验器具;监督计量过程的实施,保证计量的准确。

4. 工序施工质量控制

对施工过程的质量控制,须以工序质量控制为基础和核心。

工序施工质量控制主要包括:工序施工条件质量控制和工序施工效果质量控制。

1)工序施工条件质量控制

(1)工序施工条件是指从事工序活动的各生产要素质量及生产环境条件。

(2)控制的手段主要有检查、测试、试验、跟踪监督等。

(3)控制的依据主要是设计质量标准、材料质量标准、机械设备技术性能标准、施工工艺标准以及操作规程等。

2)工序施工效果质量控制(属于事后质量控制)

控制的主要途径:实测获取数据、统计分析所获取的数据、判断认定质量等级和纠正质量偏差。

5. 特殊过程的质量控制

1)质量控制点的设置(新增)

质量控制点可包括下列内容:

（1）对施工质量有重要影响的关键质量特性、关键部位或重要影响因素；

（2）工艺上有严格要求，对下道工序的活动有重要影响的关键质量特性、部位；

（3）严重影响项目质量的材料质量和性能；

（4）影响下道工序质量的技术间歇时间；

（5）与施工质量密切相关的技术参数；

（6）容易出现质量通病的部位；

（7）紧缺工程材料、构配件和工程设备或可能对生产安排有严重影响的关键项目；

（8）隐蔽工程验收。

2）质量控制点重点控制的对象（了解）

（1）人的行为（高温、高空、水下、易燃易爆等技术难度大的工序，要以人为重点控制对象，强调人的生理、心理、技术能力）。

（2）材料的质量与性能（高强度螺栓、特殊焊接使用的焊条、水泥强度和安定性）。

（3）施工方法与关键操作（预应力钢筋的张拉工艺操作过程，大模板施工中模板的稳定和组装问题，装配式混凝土结构构件吊运、吊具、吊点、吊索的选择与设置问题等）。

（4）施工技术参数（回填土的含水量、水灰比、气体砂浆饱满度、防水混凝土的抗渗等级、大体积混凝土的内外温差、混凝土冬期施工受冻临界强度等）。

（5）技术间歇（砌筑与抹灰之间，应在墙体砌筑后留 6 ~ 10 天时间）。

（6）施工顺序（对冷拉钢筋，先焊接后冷拉；屋架的安装固定，应采取对角同时施焊方法）。

（7）易发生或常见的质量通病（蜂窝、麻面、渗水、裂缝等应事先研究好对策）。

（8）新技术、新材料及新工艺的应用（缺乏经验，重点进行控制）。

（9）严格控制产品质量不稳定和不合格率较高的工序。

（10）特殊地基或特种结构（湿陷性黄土等特殊土地基的处理，大跨度结构等结构难度大的需要重视）。

3）特殊过程质量控制的管理

特殊过程质量控制，应由专业技术人员编制作业指导书，经项目技术负责人审批后执行。作业前，施工员、技术员做好交底和记录。

6. 成品保护的控制

成品保护的措施一般有防护（就是提前保护，针对被保护对象的特点采取各种保护的措施，防止对成品的污染及损坏）、包裹（就是将被保护物包裹起来，以防损伤或污染）、覆盖（就是用表面覆盖的方法，防止堵塞或损伤）、封闭（就是采取局部封闭的办法进行保护）等几种方法。

【**总结**】如表 4-3-1 和图 4-3-1 所示。

表 4-3-1　施工过程的质量控制

责任人	负责的关键工作内容
项目技术负责人(交底)	负责向施工单位负责人进行技术交底
项目技术负责人(批准)	开工前编制的测量控制方案
监理工程师(复验)	施工测量复核工作的结果
专业技术人员编制作业指导书,项目技术负责人审批	特殊过程质量控制

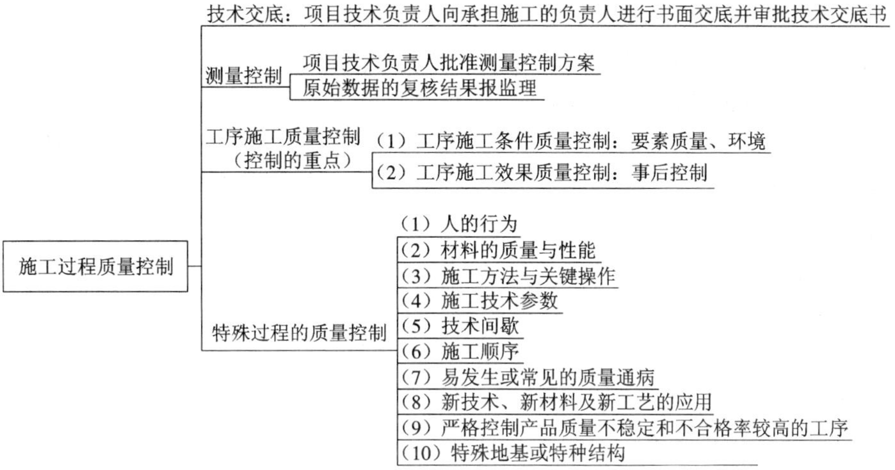

图 4-3-1　施工过程的质量控制

4　施工质量验收的规定和方法

工程施工质量验收包括:施工过程的质量验收和施工项目竣工质量验收。

1. 施工过程的工程质量验收

施工过程的工程质量验收,是在施工过程中、在施工单位自行质量检查评定的基础上,参与建设活动的有关单位共同对检验批、分项、分部、单位工程的质量进行抽样复验,根据相关标准以书面形式对工程质量达到合格与否做出确认。

1)施工过程质量验收的内容

检验批质量验收合格应符合下列规定:

(1)主控项目的质量经抽样检验均应合格;

(2)一般项目的质量经抽样检验合格;

(3)具有完整的施工操作依据、质量检查记录。

检验批是施工过程中条件相同并有一定数量的材料、构配件或安装项目,由于其质量基本均匀一致,因此可以作为检验的基础单位,并按批验收。检验批是工程验收的最小单位,是分项工程乃至整个建筑工程质量验收的基础。

施工操作依据和质量检查记录等质量控制资料包括检验批从原材料到最终验收的各施工工序的操作依据、质量检查情况记录以及保证质量所必需的管理制度等。对其完整性的检查，实际是对过程控制的确认，这是检验批合格的前提。

检验批的合格质量主要取决于主控项目和一般项目的检验结果。主控项目是对检验批的基本质量起决定性影响的检验项目，因此，必须全部符合有关专业工程验收规范的规定。这意味着主控项目不允许有不符合要求的检验结果，这种项目的检查具有“否决权”，必须从严要求。

分项工程质量验收合格应符合下列规定：

（1）所含检验批的质量均应验收合格；

（2）所含检验批的质量验收记录应完整。

分项工程的质量验收在检验批验收的基础上进行。一般情况下，两者具有相同或相近的性质，只是批量的大小不同而已。将有关的检验批验收汇集起来就构成分项工程验收。分项工程质量验收合格的条件比较简单，只要构成分项工程的各检验批的验收资料文件完整，并且均已验收合格，则分项工程验收合格。

分部工程质量验收合格应符合下列规定：

（1）所含分项工程的质量均应验收合格；

（2）质量控制资料应完整；

（3）有关安全、节能、环境保护和主要使用功能的检验结果应符合相应规定；

（4）观感质量应符合要求。

分部工程的验收在其所含各分项工程验收的基础上进行。分部工程验收合格的条件是：分部工程所含的各分项工程已验收合格且相应的质量控制资料文件必须完整，这是验收的基本条件。此外，由于各分项工程的性质不尽相同，因此分部工程不能简单地将各分项工程组合进行验收，尚须增加以下两类检查项目。

（1）涉及安全和使用功能的地基基础、主体结构及有关安全及重要使用功能的安装分部工程应进行有关见证取样送样试验或抽样检测。

（2）观感质量验收。这类检查往往难以定量，只能以观察、触摸或简单量测的方式进行，并由各个人的主观印象判断，检查结果并不给出“合格”或“不合格”的结论，而是综合给出质量评价。对于评价为“差”的检查点应通过返修处理等补救。

单位工程质量验收合格应符合下列规定：

（1）所含分部工程的质量均应验收合格；

（2）质量控制资料应完整；

（3）所含分部工程有关安全、节能、环境保护和主要使用功能的检验资料应完整；

（4）主要使用功能的抽查结果应符合相关专业质量验收规范的规定；

（5）观感质量应符合要求。

单位工程质量验收也称质量竣工验收。委托监理的工程项目单位工程完工后，施工单位应组织有关人员进行自检。总监理工程师应组织各专业监理工程师对工程质量进行评估。存在施工质量问题时，应由施工单位整改。整改完毕后，由施工单位向建设单位提交工程竣工报告，申请工程竣工验收。竣工验收的内容和方法见后面的内容“2. 施工项目竣工质量验收”。

表 4-3-2 总结了施工过程质量验收的内容。

表 4-3-2　施工过程质量验收的内容

验收项目	质量验收合格的规定
检验批	（1）主控项目的质量均应合格——具有“否决权”； （2）一般项目的质量经抽样检验合格； （3）具有完整的施工操作依据、质量检查记录。 附注：检验批是工程验收的最小单位
分项工程	（1）所含检验批的质量均应验收合格； （2）所含检验批的质量验收记录完整
分部工程	（1）所含分项工程的质量均应验收合格； （2）质量控制资料完整； （3）有关安全、节能、环境保护和主要使用功能的检验结果应符合有关规定； （4）观感质量符合要求
单位工程 （质量竣工验收）	（1）分部工程的质量均应验收合格； （2）质量控制资料应完整； （3）所含分部工程有关安全、节能、环境保护和主要使用功能的检验资料应完整； （4）主要使用功能的抽查结果应符合规定； （5）观感质量应符合要求

2）质量不符合要求的处理办法

一般情况下，不合格现象在最小的验收单位——检验批验收时就应发现并及时处理，否则将影响后续检验批和相关分项工程、分部工程的验收。所有质量隐患必须尽快消灭在萌芽状态，这是以强化验收促进过程控制原则的体现。对质量不符合要求的处理分以下五种情况。

（1）在检验批验收时，其主控项目不能满足验收规范或一般项目超过偏差限值的子项数不符合检验规定的要求时，应及时进行处理。其中，严重的缺陷应推倒重来。一般的缺陷通过返修或更换器具、设备予以处理，应允许在施工单位采取相应的措施消除缺陷后重新验收。重新验收结果如能够符合相应的专业工程质量验收规范要求，则应认为该检验批合格。

（2）发现检验批的某些项目或指标（如试块强度等）不满足要求，难以确定可否验收时，应请具有法定资质的检测单位对工程实体检测鉴定。当鉴定结果能够达到设计要求时，应认为该检验批通过验收。

（3）如对工程实体的检测鉴定达不到设计要求，但经原设计单位核算，仍能满足规范标准要求的结构安全和使用功能的情况，该检验批可予以验收。一般情况下，规范标准给出了满足安全和功能的最低限度要求，而设计往往在此基础上留有一些余量。不满足设计要求和符合相应规范标准的要求，两者并不一定矛盾。

（4）更为严重的缺陷或者超过检验批的更大范围内的缺陷，可能影响结构的安全性和使用功能。若经具有法定资质的检测单位检测鉴定以后认为达不到规范标准的相应要求，即不能满足最低限度的安全储备和使用功能，则必须按一定的技术方案进行加固处理，使之能保证满足安全使用的基本要求。这样可能会造成一些永久性的缺陷，如改变结构外形尺寸，影响一些次要的使用功能等。为了避免社会财富的更大损失，在不影响安全和主要使用功能条件下可按处理技术方案和协商文件进行验收，责任方应承担经济责任。但应该特别指出，这种让步接受的处理办法不能滥用而成为忽视质量逃避责任的一种出路。

（5）通过返修或加固处理仍不能满足安全使用要求的分部工程、单位（子单位）工程，严禁验收。

2. 施工项目竣工质量验收

1）施工项目竣工质量验收的条件

（1）完成工程设计和合同约定的各项内容。

（2）施工单位在工程完工后对工程质量进行自检并合格后，提出工程竣工报告，应经项目经理和施工单位有关负责人审核签字。

（3）对于委托监理的工程项目，监理单位提出工程质量评估报告，应经总监理工程师和监理单位有关负责人审核签字。

（4）勘察、设计单位对勘察、设计文件及设计变更通知书进行检查，并提出质量检查报告，应经该项目勘察、设计负责人和勘察、设计单位有关负责人审核签字。

（5）有完整的技术档案和施工管理资料。

（6）有主要建筑材料、建筑构配件和设备的进场试验报告，以及工程质量检测和功能性试验资料。

（7）建设单位已按合同约定支付工程款。

（8）有施工单位签署的工程质量保修书。

（9）对于住宅工程，进行分户验收且验收合格后，建设单位按户出具“住宅工程质量分户验收表”。

（10）建设主管部门及工程质量监督机构责令整改的问题全部整改完毕。

（11）法律、法规规定的其他条件。

2）施工项目竣工质量验收程序

（1）工程完工后，施工单位向建设单位提交工程竣工报告，申请工程竣工验收。实行监理的工程，工程竣工报告须经总监理工程师签署意见。

（2）建设单位收到工程竣工报告后，对符合竣工验收要求的工程，制定验收方案。对于重大工程和技术复杂的工程，根据需要可邀请有关专家加入验收组。

（3）建设单位应当在工程竣工验收 7 个工作日前书面通知负责监督该工程的工程质量监督机构。

（4）建设单位组织工程竣工验收。

①建设、勘察、设计、施工、监理单位分别汇报工程合同履约情况、执法情况。

②审阅建设、勘察、设计、施工、监理单位的工程档案资料。

③实地查验工程质量。

④对工程勘察、设计、施工、设备安装质量和各管理环节等方面做出全面评价，形成经验收

组人员签署的工程竣工验收意见。意见不一致的,待意见一致后,重新组织工程竣工验收。

图 4-3-2 所示为施工项目竣工质量验收程序。

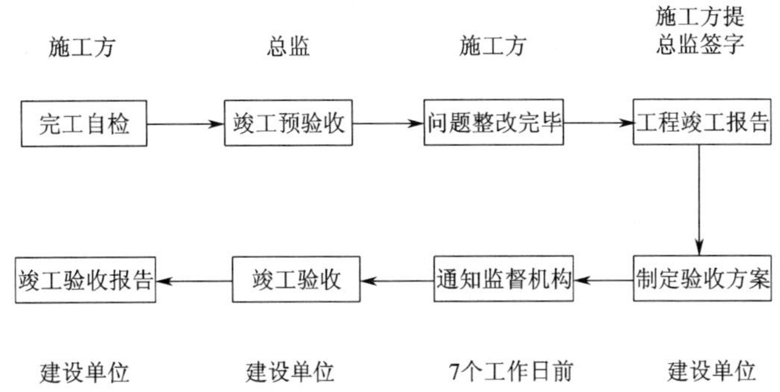

图 4-3-2　施工项目竣工质量验收程序

3)竣工验收报告的内容

工程竣工验收合格后,建设单位应当及时提出工程竣工验收报告。工程竣工验收报告应附有下列文件:

(1)施工许可证;

(2)施工图设计文件审查意见;

(3)工程竣工报告、质量评估报告、质量检查报告、质量保修书;

(4)验收组人员签署的工程竣工验收意见;

(5)法规、规章规定的其他意见。

【**总结**】如表 4-3-3 所示。

表 4-3-3　施工质量验收的规定和方法

签字签署负责人	相应确认的文件
专业技术人员编制作业指导书,项目技术负责人审批	特殊过程质量控制
建设单位(组织),验收组由建设、勘察、设计、施工、监理和其他有关方面的专家组成	单位工程的验收(竣工验收)
经项目经理和施工单位有关负责人审核签字	工程竣工报告
总监理工程师、监理单位有关负责人审核签字	工程质量评估报告
项目勘察、设计负责人和有关负责人审核签字	质量检查报告
施工单位签署	质量保修书

☆知识点导图（图 4-3-3）

- 建筑装饰工程施工质量控制的内容和方法
  - 控制的环节和方法
    - 质量控制环节
      - 事前：编计划、明目标、定方案、设置质量管理点
      - 事中：动态控制，行为约束、监督控制
        - 关键：坚持质量标准
        - 控制重点：工序质量控制、工作质量控制和质量控制点的控制
      - 事后：对质量活动结果进行评价、认定，纠偏
    - 现场检查的内容（开交隐停分成）
      - 开工前的检查
      - 工序交接检查
      - 隐蔽工程检查
      - 停工后复工的检查
      - 分项分部工程完工后的检查
      - 成品保护的检查
    - 现场检查的方法
      - 目测法：看、摸、敲、照
      - 实测法：靠、量、吊、套
      - 实验法：理化实验和无损实验
  - 施工准备的质量控制
    - 技术准备的质量控制（主要在室内）
      - 绘制、熟悉图纸
      - 技术交底、技术培训
      - 设质量控制点
    - 现场施工准备的质量控制
      - 测量放线
        - 放线是将图纸变为实物的第一步
        - 监理复核原始数据的复测结果
      - 平面布置控制
        - 划定并提供用地范围
        - 制定施工场地质量管理制度
  - 施工过程的质量控制
    - 技术交底：项目技术负责人向承担施工的负责人进行书面交底并审批技术交底书
    - 测量控制
      - 项目技术负责人批准测量控制方案
      - 原始数据的复测结果报监理
    - 工序施工质量控制（控制的重点）
      - 工序施工条件质量控制：要素质量、环境
      - 工序施工效果质量控制：事后控制
  - 施工质量的验收（建设单位组织）
    - 过程验收
      - 检验批
        - 验收内容
          - 主控项目均合格
          - 一般项目抽样合格
          - 操作依据、资料完整
        - 不合格处理
          - 严重不合格：重做
          - 一般不合格：更换器具再验收
          - 个别不合格：符合鉴定要求可以验收
          - 鉴定不合格：符合原设计要求可验收
      - 分项工程
        - 验收内容
          - 检验批验收合格
          - 资料完整
        - 不合格处理：不满足最低限度，加固处理，根据处理方案和协商文件验收
      - 分部工程
        - 验收内容
          - 分项工程均合格
          - 资料完整
          - 安全、节能、环保、主要使用功能检验结果合格
          - 观感质量符合要求
        - 不合格处理：加固后仍不满足要求，根据处理方案和协商文件验收
    - （接下页）

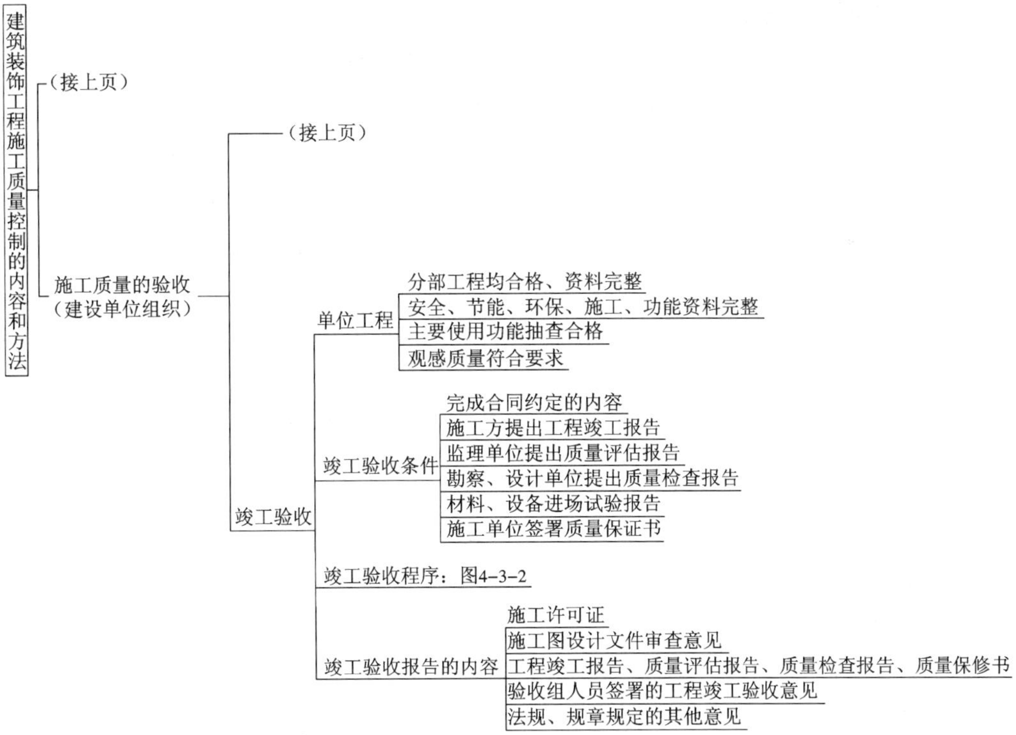

图 4-3-3　建筑装饰工程施工质量控制的内容和方法

第 4 节　建筑装饰工程施工质量事故的预防与处理

☆知识点概括

1. 工程质量事故的分类
2. 施工质量事故发生的原因
3. 施工质量事故的处理方法

☆知识点剖析

1　工程质量事故的分类

1. 工程质量事故的概念

(1)质量不合格:未满足质量的要求。

(2)质量缺陷:未满足预期或规定用途。

(3)质量问题:须进行返修、加固或报废处理,经济损失低于规定限额。

(4)质量事故:由于违法违规,产生安全使用的质量缺陷,造成人身伤亡或者重大经济损失。

2. 工程质量事故的分类

由于工程质量事故具有复杂性、严重性、可变性和多发性等特点，所以建设工程质量事故的分类有多种方法，但一般可按以下条件进行分类。

1）按事故造成损失的程度分级

《关于做好房屋建筑和市政基础设施工程质量事故报告和调查处理工作的通知》（建质〔2010〕111号）规定，根据工程质量事故造成的人员伤亡或者直接经济损失，工程质量事故分为4个等级（图4-4-1）。

（1）特别重大事故，是指造成30人以上死亡，或者100人以上重伤，或者1亿元以上直接经济损失的事故。

（2）重大事故，是指造成10人以上30人以下死亡，或者50人以上100人以下重伤，或者5 000万元以上1亿元以下直接经济损失的事故。

（3）较大事故，是指造成3人以上10人以下死亡，或者10人以上50人以下重伤，或者1 000万元以上5 000万元以下直接经济损失的事故。

（4）一般事故，是指造成3人以下死亡，或者10人以下重伤，或者100万元以上1 000万元以下直接经济损失的事故。

该等级划分所称的“以上”包括本数，所称的“以下”不包括本数。

上述质量事故等级划分标准与《生产安全事故报告和调查处理条例》（中华人民共和国国务院令第493号）规定的生产安全事故等级划分标准相同。工程质量事故和安全事故往往会互为因果地连带发生。

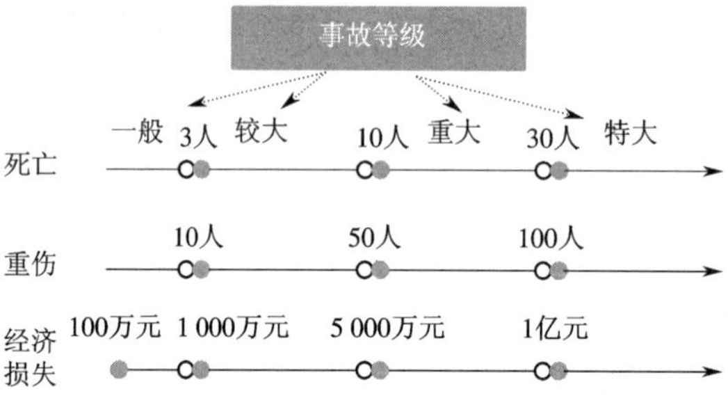

图4-4-1　工程质量事故按事故造成损失的程度分级

2）按事故责任分类（表4-4-1）

（1）指导责任事故：由于工程指导或领导失误而造成的质量事故。例如，由于工程负责人不按规范指导施工，强令他人违章作业，或片面追求施工进度，放松或不按质量标准进行控制和检验，降低施工质量标准等而造成的质量事故。

（2）操作责任事故：在施工过程中，由于操作者不按规程和标准实施操作，而造成的质量事故。例如，浇筑混凝土时随意加水，或振捣疏漏造成混凝土质量事故等。

（3）自然灾害事故：由于突发的严重自然灾害等不可抗力造成的质量事故。例如地震、台风、暴雨、雷电及洪水等造成工程破坏甚至倒塌。这类事故虽然不是人为责任直接造成的，但事故造成的损害程度也往往与事前是否采取了预防措施有关，相关责任人也可能负有一定的责任。

表 4-4-1 简要概括了工程质量事故按事故责任的分类。

表 4-4-1　工程质量事故按事故责任分类

事故分类	定义
指导责任事故	指导或领导失误
操作责任事故	实施操作者不按规程标准
自然灾害事故	突发的严重自然灾害

3）按质量事故产生原因分类

（1）技术原因引发的质量事故：在工程项目实施中由于设计、施工在技术上的失误而造成的质量事故。例如，结构设计计算错误，对地质情况估计错误，采用了不适宜的施工方法或施工工艺等引发质量事故。

（2）管理原因引发的质量事故：管理上的不完善或失误引发的质量事故。例如，施工单位或监理单位的质量管理体系不完善，检验制度不严密，质量控制不严格，质量管理措施落实不力，检测仪器设备管理不善而失准，材料检验不严等原因引起的质量事故。

（3）社会、经济原因引发的质量事故：由于经济因素及社会上存在的弊端和不正之风导致建设中的错误行为，而发生质量事故。例如，某些施工企业盲目追求利润而不顾工程质量，在投标报价中恶意压低标价，中标后则采用随意修改方案或偷工减料等违法手段而导致的质量事故。

（4）其他原因引发的质量事故：由于其他人为事故（如设备事故、安全事故等）或严重的自然灾害等不可抗力，导致连带发生的质量事故。

表 4-4-2 概括了工程质量事故按质量事故产生原因的分类。

表 4-4-2　工程质量事故按质量事故产生原因分类

事故分类	举例
技术原因	结构设计计算错误，对地质情况估计错误，不适宜的施工方法、工艺
管理原因	质量管理体系不完善、检验制度不严密、质量控制不严格、质量管理措施落实不力、材料检验不严、检测仪器设备管理不善而失准等
社会、经济原因	偷工减料等违法手段
其他原因	其他人为事故或严重的自然灾害等不可抗力因素

2　施工质量事故发生的原因

施工质量事故发生的原因大致有如下（表 4-4-3）。

1. 非法承包，偷工减料

由于社会腐败现象对施工领域的侵袭，非法承包、偷工减料、“豆腐渣”工程成为近年重大施工质量事故的首要原因。

2. 违背基本建设程序

《建设工程质量管理条例》规定，从事建设工程活动，必须严格执行基本建设程序，坚持先勘察、后设计、再施工的原则。但是现实情况是，违反基本建设程序的现象屡禁不止，无立项、无报建、无开工许可、无招标投标、无资质、无监理、无验收的“七无”工程，边勘察、边设计、边施工的“三边”工程屡见不鲜，几乎所有的重大施工质量事故都能从这些方面找到原因。

3. 勘察设计的失误

地质勘察过于疏略，勘察报告不准不细，致使地基基础设计采用不正确的方案；或结构设计方案不正确，计算失误，构造设计不符合规范要求等。这些勘察设计的失误在施工中显现出来，导致地基不均匀沉降，结构失稳、开裂甚至倒塌。

4. 施工的失误

施工管理人员及实际操作人员的思想、技术素质差，是造成施工质量事故的普遍原因。施工人员缺乏基本业务知识，不具备上岗的技术资质，不懂装懂瞎指挥，胡乱施工盲目干；施工管理混乱，责任缺失，施工组织、施工工艺技术措施不当；不按图施工，不遵守相关规范，违章作业；使用不合格的工程材料、半成品、构配件；忽视安全施工，发生安全事故等，所有这一切都可能引发施工质量事故。

5. 自然条件的影响

建筑施工露天作业多，恶劣的天气或其他不可抗力都可能引发施工质量事故。

表 4-4-3　施工质量事故发生的原因

原因	举例
非法承包，偷工减料	“豆腐渣”工程
违背基本建设程序	“七无”“三边”
勘察设计的失误	地质勘察疏略，勘察报告不准不细
施工的失误	施工管理人员及实际操作人员思想和技术素质差、违章作业、使用不合格的工程材料等
自然条件的影响	不可抗力

3　施工质量事故的处理方法

1. 施工质量事故的处理程序

施工质量事故的处理程序如图 4-4-2 所示。

（1）事故报告：立即向工程建设单位报告，建设单位 1 小时内向事故发生地县级以上有关部门报告。

（2）事故调查：对事故原因和事故性质进行初步判断。

（3）事故原因分析：找出造成事故的主要原因（勘察、施工、设计、材料、管理）。

（4）制定事故处理的方案：安全可靠、技术可行、不留隐患、经济合理、具有可操作性、满足建筑功能和使用要求。

（5）事故处理（处理技术、人）：包括事故的技术处理，以解决施工质量不合格和缺陷问题；还有事故的责任处罚。

（6）事故处理的鉴定验收：做出准确鉴定，最终形成结论。

（7）提交处理报告。

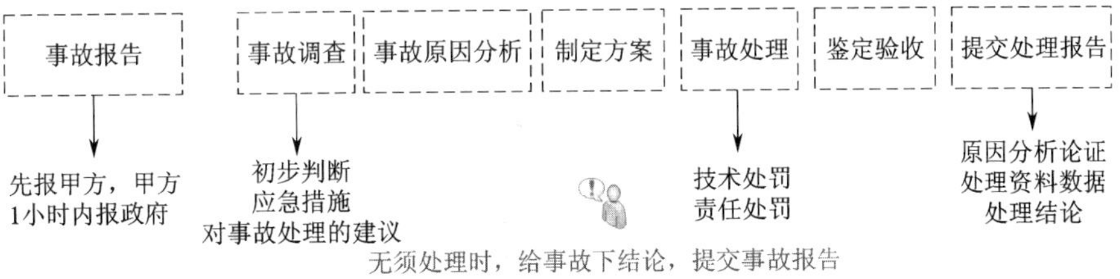

图 4-4-2　施工质量事故的处理程序

【例题·单选】根据《关于做好房屋建筑和市政基础设施工程质量事故报告和调查处理工作的通知》（建质〔2010〕111号），施工质量事故发生后，事故现场有关人员应立即向工程（　　）报告。

A. 建设单位负责人　B. 施工单位负责人　C. 监理单位负责人　D. 设计单位负责人

【答案】A

【解析】施工质量事故发生后，按照建质〔2010〕111号文的规定，事故现场有关人员应立即向工程建设单位负责人报告。

2. 施工质量事故处理程序中涉及的两个“报告”

1）事故调查报告

事故调查报告应包括以下内容：

（1）工程项日和参建单位概况；

（2）事故基本情况；

（3）事故发生后所采取的应急防护措施；

（4）事故调查中的有关数据、资料；

（5）对事故原因和事故性质的初步判断，对事故处理的建议；

（6）事故涉及人员与主要责任者的情况等。

2）事故处理报告

事故处理报告应包括以下内容：

（1）事故调查的原始资料、测试的数据；

（2）事故原因分析、论证；

(3)事故处理的依据；

(4)事故处理的方案及技术措施；

(5)事故处理中有关的数据、记录、资料；

(6)检查验收记录；

(7)事故处理的结论。

【**注意**】如图 4-4-3 所示。

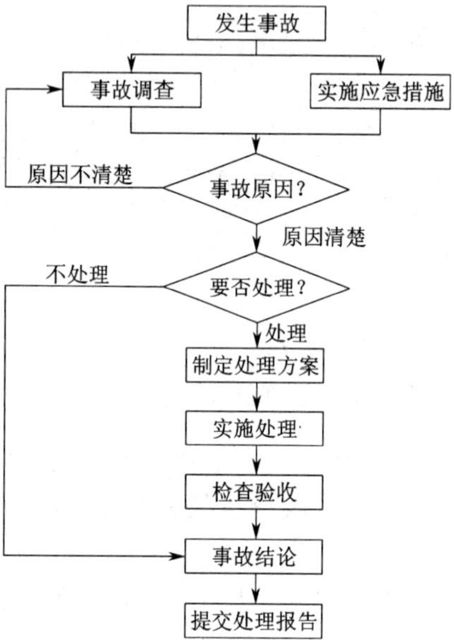

图 4-4-3　施工质量事故的处理程序

3. 施工质量问题和质量事故处理的基本方法

1)返修处理

当工程某些部分的质量虽未达到规定的规范、标准或设计的要求，存在一定的缺陷，但经过修补后可以达到要求的质量标准，又不影响使用功能或外观的要求时，可采取修补处理的方法。例如混凝土结构出现裂缝，不大于 0.2 mm 时，采取表面密封法；大于 0.3 mm 时，采用嵌缝密闭法；裂缝较深时，应采用灌浆修补法。

2)加固处理

针对危及承载力的质量缺陷主要采用加固处理的方法。

3)返工处理

当工程质量缺陷经过修补处理后仍不能满足规定的质量标准要求时，应采用返工处理。

4)限制使用

当工程质量缺陷按修补方法处理后无法保证达到规定的使用要求和安全要求，而又无法返工处理时，采取限制使用的方法。

5）不作处理

不作处理的几种情形如下。

（1）不影响结构安全、生产工艺和使用要求的。

（2）后道工序可以弥补的质量缺陷。

（3）法定检测单位鉴定合格的。

（4）经检测鉴定达不到设计要求，但经原设计单位核算满足要求的。

6）报废处理

采取上述处理方法后仍不能满足规定的质量要求或标准，予以报废处理。

☆知识点导图（图 4-4-4）

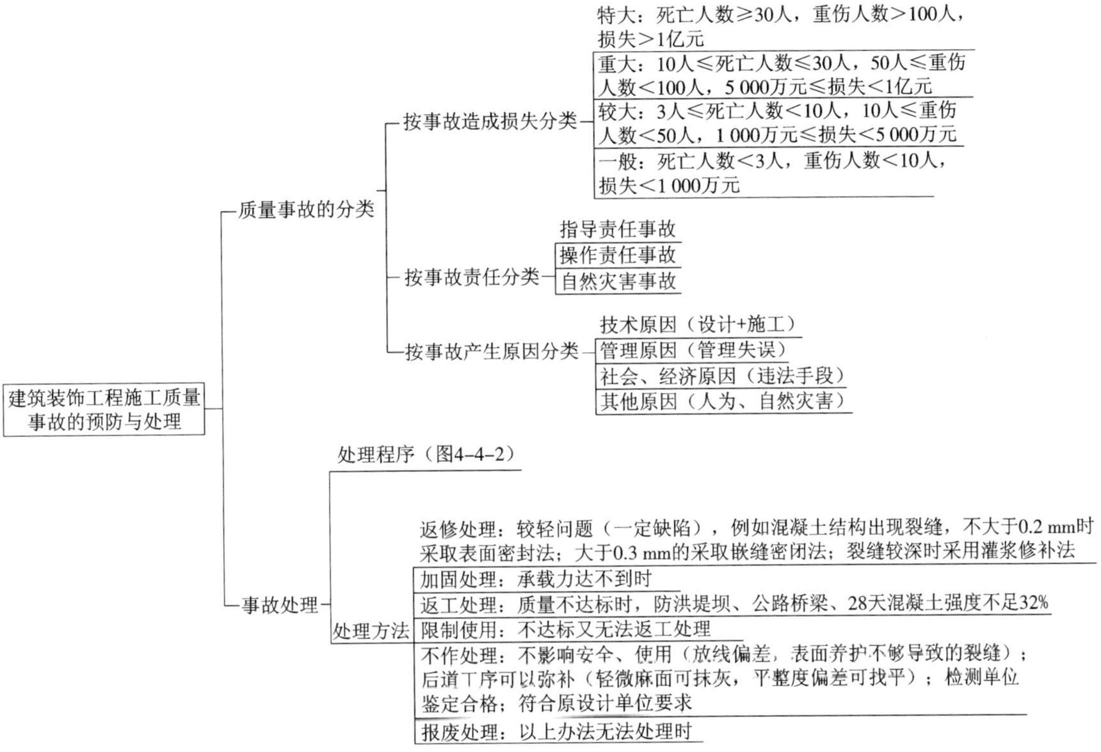

图 4-4-4　建筑装饰工程施工质量事故的预防与处理

第 5 节　建设行政管理部门对施工质量的监督管理

☆知识点概括

1. 施工质量监督管理的制度

2. 施工质量监督管理的实施

☆知识点剖析

1 施工质量监督管理的制度

1. 监督管理部门职责的划分

国务院建设行政主管部门对全国的建设工程质量实施统一监督管理。

县级以上地方人民政府建设行政主管部门对本行政区域内的建设工程质量实施监督管理。

2. 工程质量监督的性质与权限

政府质量监督的性质属于行政执法行为，由主管部门依据有关法律法规和工程建设强制性标准，对工程实体质量和工程建设、勘察、设计、施工、监理单位（此五类单位简称为工程质量责任主体）以及质量检测等单位的工程质量行为实施监督。

工程实体质量监督是指主管部门对涉及工程主体结构安全、主要使用功能的工程实体质量情况实施监督。

工程质量行为监督是指主管部门对工程质量责任主体和质量检测等单位履行法定质量责任和义务的情况实施监督。

工程质量监督管理的具体工作可以由县级以上地方人民政府建设主管部门委托所属的工程质量监督机构实施。

主管部门实施监督检查时，有权采取下列措施：

（1）要求被检查的单位提供有关工程质量的文件和资料；

（2）进入被检查单位的施工现场进行检查；

（3）发现有影响工程质量的问题时，责令改正。

3. 政府质量监督内容

政府质量监督内容包括：

（1）执行法律法规和工程建设强制性标准的情况；

（2）抽查涉及工程主体结构安全和主要使用功能的工程实体质量；

（3）抽查工程质量责任主体和质量检测等单位的工程质量行为；

（4）抽查主要建筑材料、建筑构配件的质量；

（5）对工程竣工验收进行监督；

（6）组织或者参与工程质量事故的调查处理；

（7）定期对本地区工程质量状况进行统计分析；

（8）依法对违法违规行为实施处罚。

其中，对涉及工程主体结构安全和主要使用功能的工程实体质量抽查的范围应包括：地基基础、主体结构、防水与装饰装修、建筑节能、设备安装等相关建筑材料和现场实体的检测。

2　施工质量监督管理的实施

1. 受理建设单位办理质量监督手续

在工程项目开工前，监督机构接受建设单位有关建设工程质量监督的申报手续，并对建设单位提供的有关文件进行审查，审查合格签发有关质量监督文件。

工程质量监督手续可以与施工许可证或开工报告合并办理。

2. 制订工作计划并组织实施

监督机构应制订工作计划并组织实施。在工程项目开工前，在施工现场召开由工程建设参与各方代表参加的监督会议，公布监督方案，提出监督要求，并进行第一次监督检查工作。检查的重点是参与工程建设各方主体的质量行为，检查的主要内容有：

(1)检查参与工程项目建设各方的质量保证体系建立情况，包括组织机构、质量控制方案、措施及质量责任制等制度；

(2)审查参与建设各方的工程经营资质证书和相关人员的资格证书；

(3)审查按建设程序规定的开工前须办理的各项建设行政手续是否齐全完备；

(4)审查施工组织设计、监理规划等文件以及审批手续；

(5)检查结果的记录保存。

3. 对工程实体质量和工程质量责任主体等单位工程质量行为进行抽查、抽测

(1)监督机构对施工情况进行不定期的检查。检查的内容主要是参建各方的质量行为及质量责任制的履行情况，工程实体质量和质量控制资料的完成情况，对基础和主体结构阶段的施工应每月安排监督检查。

(2)对工程项目中的结构主要部位(如桩基、基础、主体结构等)除进行常规检查外，还应在分部工程验收时进行监督，验收合格后，方可进行后续施工。建设单位应将施工、设计、监理和建设单位各方分别签字的质量验收证明在验收后三天内报送工程质量监督机构备案。

(3)监督机构对在施工过程中发生的质量问题、质量事故进行查处。根据质量监督检查的状况，对查实的问题可签发“质量问题整改通知单”或“局部暂停施工指令单”，对问题严重的单位也可根据问题的性质签发“临时收缴资质证书通知书”等处理意见。

4. 监督工程竣工验收

在竣工阶段，监督机构主要按规定对工程竣工验收工作进行以下监督：

(1)竣工验收前，复查监督检查中提出的整改问题，了解其整改的情况；

(2)竣工验收时，参加竣工验收的会议，对验收的组织形式、程序等进行监督。

工程竣工验收合格后，建设单位应当在建筑物明显部位设置永久性标牌，载明建设、勘察、设计、施工、监理单位等工程质量责任主体的名称和主要责任人姓名。

5. 形成工程质量监督报告

编制工程质量监督报告，提交到竣工验收备案部门，对不符合要求的责令改正，对存在的问题进行处理，并向备案部门提出书面报告。

6. 建立工程质量监督档案

建设工程质量监督档案按单位工程建立，经监督机构负责人签字后归档。

☆知识点导图(图 4-5-1)

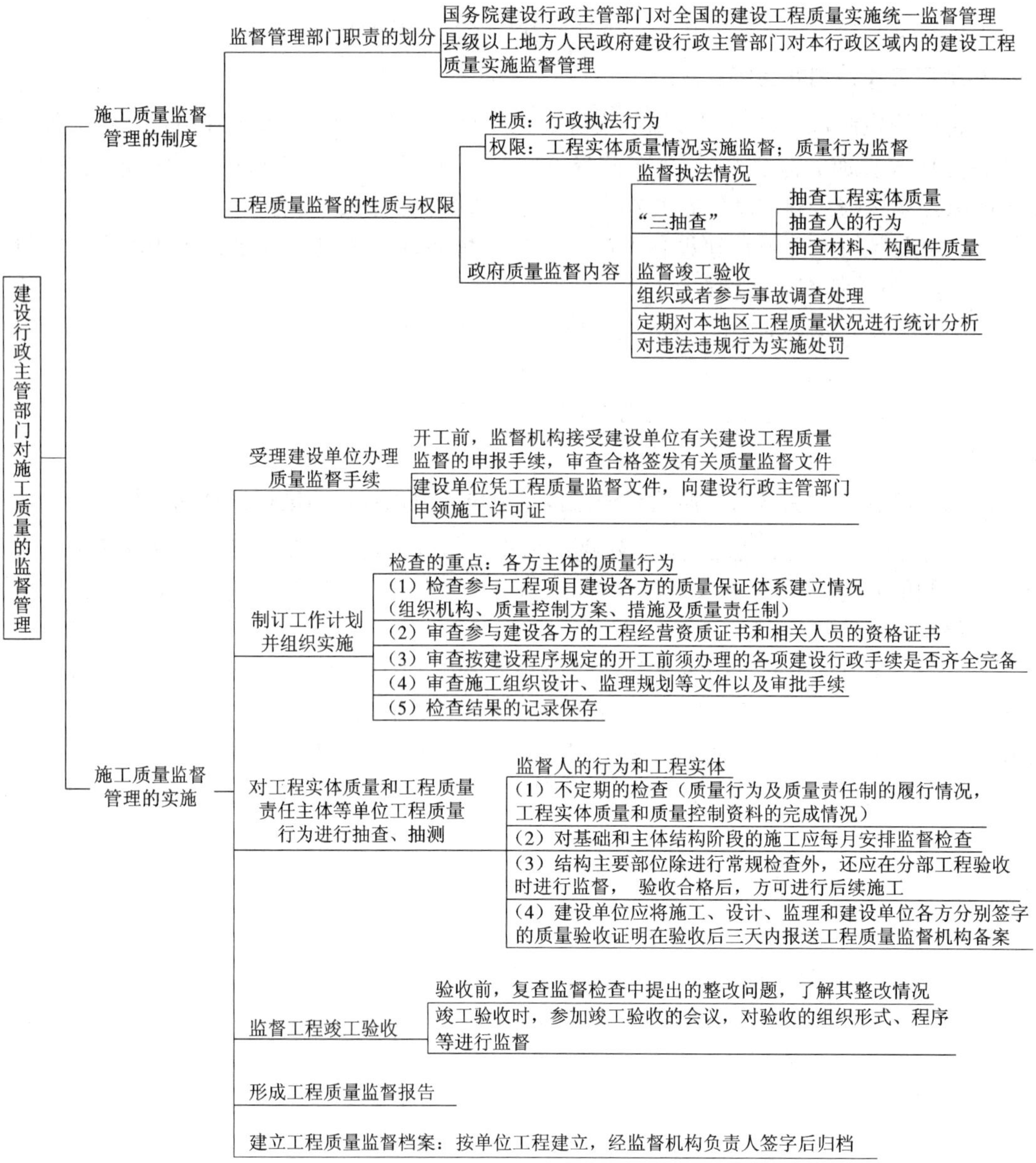

图 4-5-1　建设行政管理部门对施工质量的监督管理

章节习题

一、单项选择题

1. 在施工质量需要达到的基本要求中，属于“践约施工”要求的是(　　)。
   A. 符合《建筑工程施工质量验收统一标准》(GB 50300—2013)的要求
   B. 符合相关专业验收规范的规定
   C. 勘察、设计对施工提出的要求
   D. 符合施工承包合同约定的要求
2. 下列对工程项目施工质量的要求中，体现个性化要求的是(　　)。
   A. 符合国家法律、法规的要求
   B. 不仅要保证产品质量，还要保证施工活动质量
   C. 符合工程勘察、设计文件的要求
   D. 符合施工质量评定等级的要求
3. 根据施工企业质量管理体系文件构成，质量审查、修改和控制管理办法属于(　　)的内容。
   A. 程序文件　B. 质量计划　C. 质量手册　D. 质量记录
4. 施工企业实施和保持质量管理体系应遵循的纲领性文件是(　　)。
   A. 质量计划　B. 质量手册　C. 质量记录　D. 程序文件
5. 政府对工程质量监督的行为在性质上属于(　　)。
   A. 技术服务　B. 委托代理　C. 行政执法　D. 司法审查

二、多项选择题

1. 下列机械设备，属于施工机械和各类施工器具的有(　　)。
   A. 辅助配套的电梯、泵机　B. 测量仪器
   C. 计量器具　D. 空调设备
   E. 操作工具
2. 下列各项属于影响施工作业环境因素的有(　　)。
   A. 安全防护设施　B. 工程地质条件
   C. 工程气象条件　D. 交通运输和道路条件
   E. 施工单位质量管理体系
3. 施工质量成本中，运行质量成本包括(　　)。
   A. 预防成本　B. 鉴定成本　C. 内部损失成本　D. 外部损失成本
   E. 外部质量保证成本
4. 施工质量保证体系中，属于工作保证体系内容的有(　　)。
   A. 明确工作任务　B. 编制质量计划
   C. 建立工作制度　D. 成立质量管理小组

E. 分解质量目标

5. 工程项目施工质量保证体系的主要内容有(　　)。

A. 项目施工质量目标　　B. 项目施工质量计划

C. 项目施工质量实施　　D. 项目施工质量记录

E. 思想、组织、工作保证体系

6. 施工质量事故处理的程序中，事故处理环节的主要工作有(　　)。

A. 事故调查　　B. 制定事故处理方案

C. 事故的技术处理　　D. 事故处理鉴定验收

E. 事故的责任处罚

7. 根据《关于做好房屋建筑和市政基础设施工程质量事故报告和调查处理工作的通知》(建质〔2010〕111号)的规定，质量事故处理报告的内容有(　　)。

A. 对事故处理的建议　　B. 事故发生后的应急防护措施

C. 事故原因分析及论证　　D. 事故调查的原始资料

E. 检查验收记录

第 5 章　建筑装饰工程施工 职业健康安全与环境管理

【章节概述】本章包括四节内容，整体上从两大方面展开介绍，分别是“职业健康安全管理”和“环境管理”，其中前者是对红线内的人进行管理，保证人员的安全，后者是对红线外的环境进行保护，保护环境不受到损坏；第 3、4 节相对简单，很多知识属于常识性内容，难度低。

第 1 节　职业健康安全管理体系与环境管理体系

☆知识点概括

1. 职业健康安全与环境管理体系标准
2. 职业健康安全与环境管理的目的和要求
3. 职业健康安全管理体系与环境管理体系的建立和运行

☆知识点剖析

1　职业健康安全与环境管理体系标准

1. 职业健康安全管理体系标准

1)《职业健康安全管理体系要求》的总体结构及内容

危险源识别、风险评价和风险控制策划是企业通过职业健康安全管理体系的运行，实行事故控制的开端。

2)职业健康安全管理体系标准实施的特点

(1)标准的结构系统采用 PDCA 循环管理模式，即由职业健康安全方针、策划、实施与运行、检查纠正措施、管理评审五大要素构成，体现了持续改进的动态管理思想。

(2)对于强制性的制度，要定期进行评审。

(3)重点强调以人为本，使组织的职业健康安全管理由被动的强制行为变成主动的自愿行为。

(4)组织须对全员进行系统的安全培训，强化组织内部全体成员的安全意识。

【提示】重点掌握职业健康安全管理体系 PDCA 循环管理模式的内容。

2. 环境管理体系标准

1)环境管理体系标准构成

环境是指组织运行活动的外部存在,包括空气、水、土地、自然资源、植物、动物、人以及它(他)们之间的相互关系。

2)环境管理体系标准的特点

采用 PDCA 动态循环、不断上升的螺旋式管理运行模式,在策划、支持与运行、绩效评价、改进四大要素构成的动态循环过程基础上,结合环境管理特点,考虑组织所处环境、内外部问题、相关方需求及期望等因素,形成完整的持续改进动态管理体系。

【提示】掌握环境的定义,即指组织运行活动的外部存在;环境管理体系同职业健康安全管理体系一样,采用的是 PDCA 动态循环原理。

3)环境管理体系标准的应用原则

(1)标准的实施强调自愿性原则,并不改变组织的法律责任。

(2)有效的环境管理需建立并实施结构化的管理体系(PDCA)。

(3)标准着眼于采用系统的管理措施。

(4)环境管理体系不必成为独立的管理系统,而应纳入组织整个管理体系中。

(5)实施环境管理体系标准的关键是坚持持续改进和环境污染预防。

(6)有效地实施环境管理体系标准,须有组织最高管理者的承诺和责任以及全员的参与。

2　职业健康安全与环境管理的目的和要求

1. 施工职业健康安全与环境管理的目的

1)建设工程施工职业健康安全管理的目的

职业健康安全管理的目的是在生产活动中,通过职业健康安全生产的管理活动,对影响生产的具体因素的状态进行控制,使生产因素中的不安全行为和状态减少或消除,避免事故的发生,以保证生产活动中人员的健康和安全。

对于建设工程项目,施工职业健康安全管理的目的是防止和减少生产安全事故、保护产品生产者的健康与安全、保障人民群众的生命和财产免受损失;控制影响工作场所内员工、临时工作人员、合同方人员、访问者和其他有关部门人员健康和安全的条件和因素;考虑和避免因管理不当对员工健康和安全造成的危害。

2)建设工程施工环境管理的目的

保护生态环境,使社会的经济发展与人类的生存环境相协调。

【提示】区分施工职业健康安全与环境管理的目的。

2. 施工职业健康安全与环境管理的要求

1)施工职业健康安全管理的基本要求

(1)坚持“安全第一、预防为主和防治结合”的方针。

(2)施工企业在其经营生产的活动中,须对本企业的安全生产负全面责任。企业的法定代表人是安全生产的第一负责人,项目经理是施工项目生产的主要负责人。取得安全生产许可证的施工企业应设立安全生产管理机构,配备专职安全员。

(3)在设计阶段,按照标准及相关规定进行设计,并对防范生产安全事故提出指导性意见,对保障作业人员安全和预防事故提出措施和建议。

(4)在工程施工阶段,施工企业应根据风险预防要求和项目的特点,制订职业健康安全生产技术措施计划。

(5)建设工程实行总承包的,由总承包单位对施工现场的安全生产负总责,并自行完成工程主体结构的施工。由于分包方不服从管理发生事故的,分包方承担主要责任,总包方承担连带责任。

(6)施工企业须为从事危险作业的人员办理意外伤害险。

(7)工程施工职业健康安全管理应遵循下列程序:

①识别并评价危险源及风险;

②确定职业健康安全目标;

③编制并实施项目职业健康安全技术措施计划;

④职业健康安全技术措施计划实施结果验证;

⑤持续改进相关措施和绩效。

2)施工环境管理的基本要求

(1)涉及依法划定的自然保护区、风景名胜区、生活饮用水水源保护区及其他需要特别保护的区域时,工程施工应符合国家有关法律法规及该区域内建设工程项目环境管理的规定。

(2)建设工程应当采用节能、节水等有利于环境与资源保护的建筑设计方案、建筑材料、建筑构配件及设备。建筑材料和装修材料必须符合国家标准。禁止生产、销售和使用有毒、有害物质超过国家标准的建筑材料和装修材料。

(3)建设工程项目中防治污染的设施,必须与主体工程同时设计、同时施工、同时投产使用。防治污染的设施必须经原审批环境影响报告书的环境保护行政主管部门验收合格后,方可投入生产或者使用。

(4)尽量减少建设工程施工所产生的噪声对周围生活环境的影响。

(5)拟采取的污染防治措施应确保污染物排放达到国家和地方规定的排放标准,满足污染物总量控制要求。涉及可能产生放射性污染的,应采取有效预防和控制放射性污染措施。

(6)应采取生态保护措施,有效预防和控制生态破坏。

(7)禁止引进不符合我国环境保护规定要求的技术和设备。

(8)任何单位不得将产生严重污染的生产设备转移给没有污染防治能力的单位使用。

【提示】

(1)企业的法定代表人是安全生产的第一负责人,项目经理是施工项目生产的主要负责人。

(2)总包方对分包方承担连带责任。

(3)“三同时”——同时设计、同时施工、同时投产使用。

3 职业健康安全管理体系与环境管理体系的建立和运行

1. 职业健康安全管理体系与环境管理体系的建立步骤

(1)领导决策。

(2)成立工作组。

(3)人员培训。

(4)初始状态评审(为制定方针、目标提供依据)。

(5)制定方针、目标、指标和管理方案。

(6)管理体系策划与设计(筹划目标、管理方案的运行程序)。

(7)体系文件编写。

(8)文件的审查、审批和发布。

其中,体系文件包括管理手册、程序文件、作业文件三个层次。体系文件的编写应遵循“标准要求的要写到、文件写到的要做到、做到的要有有效记录”的原则。

(1)管理手册是纲领性文件。

(2)程序文件是支持性文件:谁做(Who),什么时间做(When),在什么地点做(Where),做什么(What),怎么做(How)。

(3)作业文件:一般包括作业指导书(操作规程)、管理规定、监测活动准则及程序文件引用的表格。

【注意】质量管理体系文件、职业健康安全管理与环境管理体系文件的区别,见表5-1-1。

表5-1-1 质量管理体系文件、职业健康安全管理体系与环境管理体系文件对比

体系文件	文件构成
质量管理体系	质量手册、程序文件、质量计划、质量记录
职业健康安全管理体系与环境管理体系	管理手册、程序文件、作业文件(作业指导书(操作规程)、管理规定、监测活动准则及程序文件引用的表格)

2. 职业健康安全管理体系与环境管理体系的运行——管理体系的维持

(1)内部审核:对自身的管理体系进行的审核、自我保证和自我监督。

(2)管理评审:施工企业的最高管理者对管理体系的系统评价。

(3)合规性评价:分为公司级和项目组级,公司级评价每年进行一次,项目组级评价每半年不少于一次。

【提示】这里的运行主要是指“维持”。管理体系运行是指按照已建立体系的要求实施，其实施的重点是围绕培训意识和能力，信息交流，文件管理，执行控制程序，监测，不符合、纠正和预防措施，记录等活动推进体系的运行工作。

☆知识点导图（图 5-1-1）

- 职业健康安全管理体系与环境管理体系
  - 职业健康安全与环境管理体系标准（两种管理体系）
    - 职业健康安全管理体系标准
      - PDCA循环管理模式：职业健康安全方针、策划、实施与运行、检查纠正措施、管理评审
      - 体现了持续改进的动态管理思想
      - 强调以人为本
    - 环境管理体系标准
      - 环境：组织运行活动的外部存在
      - PDCA动态循环、不断上升的螺旋式管理运行模式：策划、支持与运行、绩效评价、改进
      - 应用原则
        - 自愿性原则
        - 有效地实施环境管理体系标准，须有组织最高管理者的承诺和责任以及全员的参与
        - 需建立并实施结构化的管理体系（PDCA）
        - 关键是坚持持续改进和环境污染预防
  - 职业健康安全与环境管理的目的和要求
    - 两种管理体系的目的
      - 职业健康安全：保证生产活动中人员的健康与安全
      - 环境管理：保护生态环境
    - 两种管理体系的要求
      - 职业健康安全管理
        - （1）坚持“安全第一、预防为主和防治结合”的方针
        - （2）企业的法定代表人是安全生产的第一负责人，项目经理是施工项目生产的主要负责人
        - （3）设计阶段，对防范生产安全事故提出指导性意见，对保障作业人员安全和预防事故提出措施和建议
        - （4）施工阶段，由于分包方不服从管理发生事故的，分包方承担主要责任，总包方承担连带责任
        - （5）施工企业必须为从事危险作业的人员办理意外伤害险
        - （6）安全管理程序
          - ①识别危险源
          - ②确定目标
          - ③编制计划
          - ④实施结果验证
          - ⑤持续改进
      - 环境管理
        - （1）项目中防治污染的设施，必须与主体工程同时设计、同时施工、同时投产使用（“三同时”），防治污染的设施需经环境保护行政主管部门验收合格后方可使用
        - （2）禁止引进不符合我国环境保护规定要求的技术和设备
        - （3）任何单位不得将产生重污染的生产设备转移给没有污染防治能力的单位使用
  - （接下页）

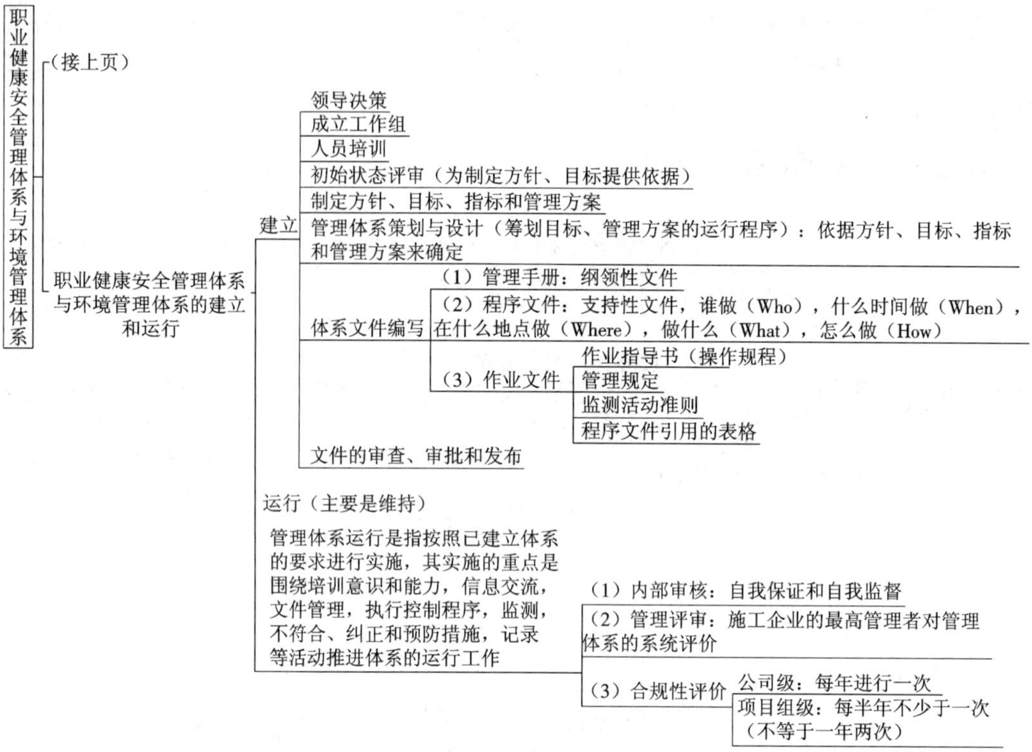

图 5-1-1　职业健康安全管理体系与环境管理体系

第 2 节　建筑装饰工程施工安全生产管理

☆知识点概括

1. 安全生产管理制度
2. 危险源的识别和风险控制
3. 安全隐患的处理

☆知识点剖析

1　安全生产管理制度

1. 施工安全生产管理制度体系建立的原则

（1）应贯彻“安全第一，预防为主”的方针，施工企业必须建立健全安全生产责任制和群防群治制度，确保工程施工劳动者的人身和财产安全。

（2）施工安全生产管理体系的建立，必须适用于工程施工全过程的安全管理和控制。

（3）施工安全生产管理体系必须符合《中华人民共和国建筑法》《中华人民共和国安全生

产法》《建设工程安全生产管理条例》《安全生产许可证条例》《生产安全事故报告和调查处理条例》《特种设备安全监察条例》《职业安全卫生管理体系标准》《职业安全健康管理体系 要求及使用指南》（GB/T 45001—2020）、《建设工程项目管理规范》（GB/T 50326—2017）和国际劳工组织（ILO）167 号公约等法律、行政法规及规程的要求。

（4）项目经理部应根据本企业的安全生产管理制度体系，结合各项目的实际情况加以充实，确保工程项目的施工安全。

（5）企业应加强对施工项目的安全生产管理，指导、帮助项目经理部建立和实施安全生产管理制度体系。

（6）企业应按照相关规定实施项目安全生产管理评价，评估项目安全生产能力满足规定要求的程度。

2. 施工安全生产管理制度体系的主要内容

1）安全生产责任制度

安全生产责任制是最基本的安全管理制度，是所有安全生产管理制度的核心。安全生产责任制是按照安全生产管理方针和“管生产的同时必须管安全”的原则，将各级负责人员、各职能部门及其工作人员和各岗位生产工人在安全生产方面应做的事情及应负的责任加以明确规定的一种制度。安全生产责任制度的主要内容如下。

（1）企业和项目相关人员的安全职责，包括企业法定代表人和主要负责人，企业安全管理机构负责人和安全生产管理人员，施工项目负责人、技术负责人、项目专职安全生产管理人员以及班组长、施工员、安全员等项目各类人员的安全责任。《中华人民共和国安全生产法》明确规定，生产经营单位主要负责人是本单位安全生产第一责任人。

（2）对各级、各部门安全生产责任制的执行情况制定检查和考核办法，并按规定期限进行考核，对考核结果及兑现情况应有记录。

（3）明确总、分包的安全生产责任。实行总承包的由总承包单位负责，分包单位向总包单位负责，服从总包单位对施工现场的安全管理，分包单位在其分包范围内建立施工现场安全生产管理制度，并组织实施。

（4）项目的主要工种应有相应的安全技术操作规程，一般应包括砌筑、拌灰、混凝土、木作、钢筋、机械、电气焊、起重、信号指挥、塔式起重机司机、架子、水暖、油漆等工种，特殊作业应另行补充。应将安全技术操作规程列为日常安全活动和安全教育的主要内容，并应悬挂在操作岗位前。

（5）施工现场应按工程项目大小配备专（兼）职安全人员。以建筑工程为例，建筑面积 10 000 m^2 以下的工地至少有 1 名专职人员；10 000 m^2 的工地设 2~3 名专职人员；50 000 m^2 以上的大型工地，按不同专业组成安全管理组进行安全监督检查。

总之，安全生产责任制纵向方面是各级人员的安全生产责任制，即从最高管理者、管理者代表到项目负责人（项目经理）、技术负责人（工程师）、专职安全生产管理人员、施工员、班组长和岗位人员等各级人员的安全生产责任制；横向方面是各个部门的安全生产责任制，即各职能部门（如安全环保、设备、技术、生产、财务等部门）的安全生产责任制。只有这样，才能建立健全安全生产责任制，做到群防群治。

2）安全生产许可证制度

国务院自2004年1月13日起公布实施《安全生产许可证条例》，并于2014年进行了修正。该条例规定国家对建筑施工企业实施安全生产许可证制度。其目的是为了严格规范安全生产条件，进一步加强安全生产监督管理，防止和减少生产安全事故。

国务院建设主管部门负责中央管理的建筑施工企业安全生产许可证的颁发和管理。其他企业由省、自治区、直辖市人民政府建设主管部门进行颁发和管理，并接受国务院建设主管部门的指导和监督。

施工企业进行生产前，应当依照《安全生产许可证条例》的规定向安全生产许可证颁发管理机关申请领取安全生产许可证。严禁未取得安全生产许可证的建筑施工企业从事建筑施工活动。

安全生产许可证的有效期为3年。安全生产许可证有效期满需要延期的，企业应当于期满前3个月向原安全生产许可证颁发管理机关办理延期手续。

企业在安全生产许可证有效期内，严格遵守有关安全生产的法律法规，未发生死亡事故的，安全生产许可证有效期届满时，经原安全生产许可证的颁发管理机关同意，不再审查，安全生产许可证有效期延期3年。

企业不得转让、冒用安全生产许可证或者使用伪造的安全生产许可证。

【**注意**】安全生产许可证与施工许可证的区别（表5-2-1）。

表5-2-1　安全生产许可证与施工许可证的区别

类别	办理单位	对象	有效期
安全生产许可证	施工企业	企业	3年
施工许可证	建设单位	项目	一次性

3）安全生产教育培训制度

（1）企业安全生产教育培训一般包括对管理人员、特种作业人员和企业员工的安全教育。

（2）特种作业人员应具备的条件：

①年满18周岁，未退休；

②身体健康；

③具有初中以上文化程度；

④具备必要的安全技术技能；

⑤相应特种作业规定的其他条件，如危险化学品特种作业人员具有高中以上文化程度。

对特种作业人员的安全教育应注意以下三点：

①上岗前教育培训；

②取得操作证后准许独立作业；

③特种作业操作证每3年复审一次，但有效期内，连续从事本工种10年以上，一切正常

者，复审时间可延长至每6年一次。

（3）企业员工的安全教育主要包括上岗前的三级安全教育、改变工艺和变换岗位安全教育、经常性安全教育三种形式。企业新上岗的从业人员，岗前培训时间不得少于24学时。

①三级指的是进厂、进车间、进班组，具体指企业（公司）、项目（工区、工程处、施工队）、班组三级。其中，企业级安全教育由企业主管领导负责；项目级安全教育由项目级负责人组织实施；班组级安全教育由班组长组织实施。

②改变工艺和变换岗位安全教育，因放长假离岗一年以上重新上岗的情况，企业须进行相应的安全技术培训和教育。

③经常性安全教育，其中的安全思想、安全态度教育最重要。

4）安全措施计划制度

安全措施计划编制的步骤：工作活动分类→危险源识别→风险确定→风险评价→制订安全技术措施计划→评价安全技术措施计划的充分性。

5）特种作业人员持证上岗制度

特种作业人员，须经过专门的安全作业培训，并取得特种作业操作资格证书后，方可上岗作业。

离开特种作业岗位达6个月以上的特种作业人员，应当重新进行实际操作考核，经确认合格后方可上岗作业。

6）专项施工方案专家论证制度

达到一定规模、危险性较大的分部分项工程编制专项施工方案，并附具安全验算结果，经施工单位技术负责人、总监理工程师签字后实施，由专职安全生产管理人员进行现场监督。

涉及深基坑、地下暗挖、高大模板工程的专项施工方案，施工单位还应当组织专家进行论证、审查。

7）施工起重机械使用登记制度

《建设工程安全生产管理条例》第三十五条规定，施工单位应当自施工起重机械和整体提升脚手架、模板等自升式架设设施验收合格之日起30日内，向建设行政主管部门或者其他有关部门登记。

8）安全检查制度

（1）安全检查的内容包括查思想、查管理、查隐患、查整改、查伤亡事故处理等，重点是检查“三违”和安全责任制的落实。

（2）安全隐患的处理程序：登记→整改→复查→销案。

【注】2020版教材已变为“五查”，删除了“查制度”。

9）生产安全事故报告和调查处理制度

发生事故后，事故现场有关人员应当立即报告本单位负责人，本单位负责人立即上报监督管理有关部门；特种设备发生事故时，还应当同时向特种设备安全监督管理部门报告。

10)“三同时”制度

“三同时”是指安全生产设施须与主体工程同时设计、同时施工、同时投入生产和使用。安全设施投资应当纳入建设项目预算。

11)工伤和意外伤害保险制度

工伤保险属于法定的强制性保险。但为从事危险作业的职工投保意外伤害险并非强制性规定,是否投保意外伤害险由建筑施工企业自主决定。

12)政府安全生产监督检查制度

政府安全生产监督检查制度是指国家法律、法规授权的行政部门,代表政府对企业的安全生产过程实施监督管理。《建设工程安全生产管理条例》第五章“监督管理”对建设工程安全生产监督管理制度的规定内容如下。

(1)国务院负责安全生产监督管理的部门依照《中华人民共和国安全生产法》的规定,对全国建设工程安全生产工作实施综合监督管理。

(2)县级以上地方人民政府负责安全生产监督管理的部门依照《中华人民共和国安全生产法》的规定,对本行政区域内建设工程安全生产工作实施综合监督管理。

(3)国务院建设行政主管部门对全国的建设工程安全生产实施监督管理。国务院铁路、交通、水利等有关部门按照国务院规定的职责分工,负责有关专业建设工程安全生产的监督管理。

(4)县级以上地方人民政府建设行政主管部门对本行政区域内的建设工程安全生产实施监督管理。县级以上地方人民政府交通、水利等有关部门在各自的职责范围内,负责本行政区域内的专业建设工程安全生产的监督管理。

(5)县级以上人民政府负有建设工程安全生产监督管理职责的部门在各自的职责范围内履行安全监督检查职责时,有权纠正施工中违反安全生产要求的行为,责令立即排除检查中发现的安全事故隐患,对重大隐患可以责令暂时停止施工。建设行政主管部门或者其他有关部门可以将施工现场安全监督检查委托给建设工程安全监督机构具体实施。

13)严重危及施工安全的工艺、设备、材料淘汰制度

严重危及施工安全的工艺、设备、材料是指不符合生产安全要求,极有可能导致生产安全事故发生,致使人民生命和财产遭受重大损失的工艺、设备和材料。

《建设工程安全生产管理条例》第四十五条规定:“国家对严重危及施工安全的工艺、设备、材料实行淘汰制度。具体目录由国务院建设行政主管部门会同国务院其他有关部门制定并公布。”淘汰制度的实施,一方面有利于保障安全生产;另一方面也体现了优胜劣汰的市场经济规律,有利于提高施工单位的工艺水平,促进设备更新。

对于已经公布的严重危及施工安全的工艺、设备和材料,建设单位和施工单位都应当严格遵守和执行,不得继续使用此类工艺和设备,也不得转让他人使用。

14)安全预评价制度

安全预评价是根据建设项目可行性研究报告内容,分析和预测该建设项目可能存在的危

险、有害因素的种类和程度，提出合理可行的安全对策措施及建议。

开展安全预评价工作，是贯彻落实“安全第一、预防为主”方针的重要手段，是企业实施科学化、规范化安全管理的工作基础。科学、系统地开展安全评价工作，不仅直接起到了消除危险有害因素、减少事故发生的作用，有利于全面提高企业的安全管理水平，而且有利于系统地、有针对性地加强对不安全状况的治理、改造，最大限度地降低安全生产风险。

2　危险源的识别和风险控制

1. 危险源的分类

危险源是安全管理的主要对象，在实际生活和生产过程中的危险源是以多种多样的形式存在的。虽然危险源的表现形式不同，但从本质上说，能够造成危害后果的（如伤亡事故、人身健康受损害、物体受破坏和环境污染等），均可归结为能量的意外释放或约束、限制能量和危险物质措施失控的结果。

根据危险源在事故发生发展中的作用，把危险源分为两大类：第一类危险源和第二类危险源。事故的发生是两类危险源共同作用的结果，第一类危险源是事故发生的前提，第二类危险源是第一类危险源导致事故的必要条件。在事故的发生和发展过程中，两类危险源相互依存，相辅相成。第一类危险源是事故的主体，决定事故的严重程度，第二类危险源出现的难易，决定事故发生可能性的大小。

（1）第一类危险源：危险物质（炸药）——事故发生的前提。

（2）第二类危险源：设备故障或缺陷（物的不安全状态）、人为失误（人的不安全行为）、管理缺陷——事故发生的必要条件。

【提示】

（1）第一类危险源——炸药；第二类危险源——人的不安全行为、物的不安全状态、管理缺陷。

（2）掌握两种危险源的识别方法。

（3）理解对应不同风险采取的措施。

2. 危险源识别

（1）专家调查法：优点是简便、易行，缺点是受专家知识、经验和占有资料的限制，可能出现遗漏。常用的有头脑风暴法和德尔菲法。

（2）安全检查表（SCL）法：实施安全检查和诊断项目的明细表，可以用“是”“否”做回答，或“√”“×”进行判断，优点是简单易懂、容易掌握；缺点是只能做出定性的评价。

3. 风险的控制

1）风险控制措施计划

风险控制措施计划在实施前宜进行评审，评审内容主要包括：

（1）更改的措施是否使风险降低至可允许水平；

（2）是否产生新的危险源；

（3）是否已选定成本效益最佳的解决方案；

（4）更改的预防措施是否能得到全面落实。

2）风险控制方法

（1）第一类危险源控制方法：可以采取消除危险源、限制能量、隔离危险物质、个体防护和应急救援等方法。建设工程可能遇到不可预测的各种自然灾害引发的风险，只能采取预测、预防、应急计划和应急救援等措施，以尽量消除或减少人员伤亡和财产损失。

（2）第二类危险源控制方法：提高各类设施的可靠性以消除或减少故障、增加安全系数、设置安全监控系统、改善作业环境等。最重要的是加强员工的安全意识培训和教育，克服不良的操作习惯，严格按章办事，并在生产过程中保持良好的生理和心理状态。

表 5-2-2 比较了两类危险源。

表 5-2-2　两类危险源

危险源	内容	地位	控制方法
第一类危险源	外在的危险物质	事故发生的前提，决定事故的严重程度	消除危险源、限制能量、隔离危险物质、个体防护和应急救援
第二类危险源	（1）物的不安全状态； （2）人的不安全行为； （3）管理缺陷	导致事故的必要条件，决定事故发生可能性的大小	提高各类设施的可靠性，增加安全系数，设置安全监控系统，改善作业环境，最重要的是加强员工的安全意识培训和教育、克服不良的操作习惯

3　安全隐患的处理

施工安全隐患，是指在建筑施工过程中，给生产施工人员的生命安全带来威胁的不利因素，一般包括人的不安全行为、物的不安全状态以及管理缺陷等。

在工程建设过程中，安全隐患是难以避免的，但要尽可能预防和消除安全隐患的发生。首先需要项目参与各方加强安全意识，做好事前控制，建立健全各项安全生产管理制度，落实安全生产责任制，注重安全生产教育培训，保证安全生产条件所需资金的投入，将安全隐患消除在萌芽之中。其次是根据工程的特点确保各项安全施工措施的落实，加强对工程安全生产的检查监督，及时发现安全隐患。最后是对发现的安全隐患及时进行处理，查找原因，防止事故隐患的进一步扩大。

施工安全隐患的处理原则；

（1）冗余安全度治理原则；

（2）单项隐患综合治理原则；

（3）直接隐患与间接隐患并治原则；

（4）预防与减灾并重治理原则；

（5）重点治理原则；

（6）动态治理原则。

【提示】重点掌握：冗余安全度治理原则（坑）、单项隐患综合治理原则（触电）、重点治理原则（分级治理）。

☆知识点导图（图 5-2-1）

- 建筑装饰工程施工安全生产管理
  - 施工安全生产管理制度体系建立的原则
    - 贯彻“安全第一，预防为主”的方针
    - 施工安全生产管理制度体系的主要内容
      - 安全生产责任制度
        - （1）最基本的安全管理制度，所有安全生产管理制度的核心
        - （2）10 000 m^2以下，至少1名专职人员；10 000 m^2以上，2~3名专职人员；5万m^2以上，需按不同专业组成安全管理组进行安全监督检查
      - 安全生产许可证制度：安全生产许可证有效期3年，期满3个月前办理延期手续。有效期内，未发生死亡事故的，经原发证机关同意，不再审查，有效期延期3年。企业不得转让、冒用或伪造安全生产许可证
      - 安全生产教育培训制度
        - 特种作业人员应具备的条件
          - （1）年满18周岁，未退休
          - （2）身体健康
          - （3）具有初中以上文化程度
          - （4）具备必要的安全技术技能
          - （5）相应特种作业规定的其他条件，危险化学品特种作业人员具有高中以上文化程度
        - 特种作业人员的安全教育注意事项
          - 上岗前教育培训
          - 取得操作证后准许独立作业
          - 特种作业操作证每3年复审一次
          - 复审时间可延长至每6年一次（连续从事本工种10年以上，一切正常者）
          - 离岗6个月，需重新进行实际操作考核，合格后方可上岗
        - 企业员工的安全教育
          - （1）三级安全教育：进场、进车间、进班组
            - 企业级→企业主管领导
            - 项目级→项目级负责人
            - 班组级→班组长
          - （2）改变工艺、变换岗位、离岗一年以上重新上岗，必须进行相应的安全技术培训和教育
          - （3）经常性安全教育：安全思想、安全态度教育最重要
      - 安全措施计划制度
        - 编制步骤：工作活动分类→危险源识别→风险确定→风险评价→制订安全技术措施计划→评价安全技术措施计划的充分性
      - 专项施工方案专家论证制度
        - 专项施工方案，经施工单位技术负责人、总监理工程师签字后实施，由专职安全生产管理人员进行现场监督
        - 涉及深基坑、地下暗挖、高大模板工程的专项施工方案，施工单位还应当组织专家进行论证、审查
      - 施工起重机械使用登记制度：施工单位应当自施工起重机械和整体提升脚手架、模板等自升式架设设施验收合格之日起30日内，向建设行政主管部门或者其他有关部门登记
      - 安全检查制度
        - 安全检查的内容：查思想、查管理、查隐患、查整改、查伤亡事故处理等，重点是检查“三违”和安全责任制的落实
        - 安全隐患的处理程序：登记→整改→复查→销案
      - “三同时”制度：安全生产设施必须与主体工程同时设计、同时施工、同时投入生产和使用，安全设施投资应当纳入建设项目预算
      - 工伤和意外伤害保险制度
        - 法定的强制性保险
        - 意外伤害险由企业自主决定
  - （接下页）

- 建筑装饰工程施工安全生产管理
  - （接上页）
  - 危险源
    - 危险源的分类
      - 第一类危险源：危险物质（炸药），事故发生的前提
      - 第二类危险源：设备故障或缺陷（物的不安全状态）、人为失误（人的不安全行为）、管理缺陷，事故发生的必要条件
    - 危险源识别
      - 危险源识别是安全管理工作的基础性工作
      - 识别方法
        - 专家调查法：头脑风暴法和德尔菲法
        - 安全检查表（SCL）法
          - 优点：简单易懂、容易掌握
          - 缺点：只能做出定性的评价
    - 风险的控制
      - 风险控制措施计划（实施前评审）
        - （1）更改的措施是否使风险降低至可允许水平
        - （2）是否产生新的危险源
        - （3）是否已选定成本效益最佳的解决方案
        - （4）更改的预防措施是否能得到全面落实
      - 风险控制方法
        - 第一类危险源：消除危险源、限制能量、隔离危险物质、个体防护和应急救援
        - 第二类危险源
          - 提高各类设施的可靠性，增加安全系数
          - 设置安全监控系统，改善作业环境
          - 最重要：加强员工的安全意识培训和教育、克服不良的操作习惯
  - 安全隐患的处理
    - 施工安全隐患的处理原则
      - （1）冗余安全度治理原则（坑）
      - （2）单项隐患综合治理原则（触电）
      - （3）直接隐患与间接隐患并治原则
        - 直接隐患：人机环境
        - 间接隐患：安全管理措施
      - （4）预防与减灾并重治理原则：能预防的预防，不能预防的尽量减灾
      - （5）重点治理原则：将危险点分级治理，重点治理等级高的危险源
      - （6）动态治理原则：生产过程中发现隐患及时处理，避免小的隐患发展成大的隐患

图 5-2-1　建筑装饰工程施工安全生产管理

第 3 节　建筑装饰工程生产安全事故应急预案和事故处理

☆知识点概括

1. 生产安全事故应急预案的内容
2. 生产安全事故应急预案的管理
3. 职业健康安全事故的分类和处理

☆知识点剖析

1　生产安全事故应急预案的内容

生产安全事故应急预案是指事先制订的关于生产安全事故发生时进行紧急救援的组织、程序、措施、责任及协调等方面的方案和计划，是对特定的潜在事件和紧急情况发生时所采取措施的计划安排，是应急响应的行动指南。

1. 编制应急预案的目的

编制应急预案的目的是避免紧急情况发生时出现混乱，确保按照合理的响应流程采取适当的救援措施，预防和减少可能随之引发的职业健康安全和环境影响。

2. 施工生产安全事故应急预案体系的构成

生产安全事故应急预案应形成体系，针对各级各类可能发生的事故和所有危险源制订专项应急预案和现场应急处置方案，并明确事前、事中、事后的各个过程中相关部门和有关人员的职责。

（1）综合应急预案：从总体上阐述事故的综合性文件。

（2）专项应急预案：针对具体的事故类别（如基坑开挖、脚手架拆除等事故）、危险源和应急保障而制订的计划或方案，是综合应急预案的组成部分。

（3）现场处置方案：针对具体的装置、场所或设施、岗位制订的应急处置措施。现场处置方案应具体、简单、针对性强。

生产规模小、危险性因素少的施工单位，综合应急预案和专项应急预案可以合并编写。

2　生产安全事故应急预案的管理

生产安全事故应急预案的管理包括应急预案的评审、公布、备案、实施和监督管理。

1. 生产安全事故应急预案的评审

（1）参加应急预案的人员包括政府人员和应急方面的管理专家。

（2）人员与所评审预案的生产经营单位有利害关系的，应当回避。

2. 安全生产事故应急预案的公布（理解）

施工单位的应急预案经评审或者论证后，由本单位主要负责人签署公布，并及时发放到本单位有关部门、岗位和相关应急救援队伍。

事故风险可能影响周边其他单位、人员的，生产经营单位应当将有关事故风险的性质、影响范围和应急防范措施告知周边的其他单位和人员。

3. 生产安全事故应急预案的备案

地方各级人民政府应急管理部门的应急预案，应当报同级人民政府备案，同时抄送上一级人民政府应急管理部门，并依法向社会公布。

其他负有安全生产监督管理职责的部门的应急预案，应当抄送同级人民政府应急管理部门。

属于中央企业的，其总部（上市公司）的应急预案，报国务院主管的负有安全生产监督管理职责的部门备案，并抄送应急管理部；其所属单位的应急预案报所在地的省、自治区、直辖市或者设区的市级人民政府主管的负有安全生产监督管理职责的部门备案，并抄送同级人民政府应急管理部门。

【总结】除了地方各级人民政府应急管理部门的应急预案抄送上级之外，其他的都要抄送同级人民政府应急管理部门。

4. 生产安全事故应急预案的实施

有下列情形之一的，应急预案应当及时修订并归档：

（1）依据的法律、法规、规章、标准及上位预案中的有关规定发生重大变化的；

（2）应急指挥机构及其职责发生调整的；

（3）面临的事故风险发生重大变化的；

（4）重要应急资源发生重大变化的；

（5）预案中的其他重要信息发生变化的；

（6）在应急演练和事故应急救援中发现问题需要修订的；

（7）编制单位认为应当修订的其他情况。

施工单位应急预案内容变更的，应当重新备案。

5. 生产安全事故应急预案的监督管理

地方各级人民政府应急管理部门应当每年对应急预案的监督管理工作情况进行总结，并报上一级人民政府应急管理部门。

3 职业健康安全事故的分类和处理

1. 职业健康安全事故的分类

1）按照安全事故伤害程度分类

根据《企业职工伤亡事故分类标准》（GB 6441—1986）规定，安全事故按伤害程度分类如下：

（1）轻伤，1 个工作日至 105 个（不含）工作日的失能伤害；

（2）重伤，损失工作日等于和超过 105 个工作日的失能伤害，重伤的损失工作日最多不超过 6 000 工日；

（3）死亡，指损失工作日超过 6 000 工日。

2）按照生产安全事故造成的人员伤亡或直接经济损失分类

根据《生产安全事故报告和调查处理条例》的规定，安全事故可划分为四级，如图 5-3-1 所示。

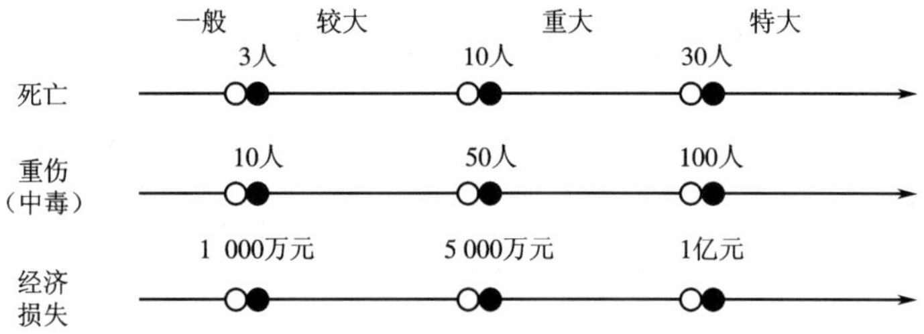

图 5-3-1 安全事故划分

（1）特别重大事故，是指造成 30 人以上死亡，或者 100 人以上重伤（包括急性工业中毒，下同），或者 1 亿元以上直接经济损失的事故。

（2）重大事故，是指造成 10 人以上 30 人以下死亡，或者 50 人以上 100 人以下重伤，或者 5 000 万元以上 1 亿元以下直接经济损失的事故。

（3）较大事故，是指造成 3 人以上 10 人以下死亡，或者 10 人以上 50 人以下重伤，或者

1 000 万元以上 5 000 万元以下直接经济损失的事故。

（4）一般事故，是指造成 3 人以下死亡，或者 10 人以下重伤，或者 1 000 万元以下 100 万元以上直接经济损失的事故。

本等级划分所称的“以上”包括本数，所称的“以下”不包括本数。

【提示】安全事故的判断标准不仅包括重伤人数，还包括中毒人数。

2. 施工生产安全事故的处理

1）“四不放过”原则

（1）事故原因没有查清不放过。

（2）责任人员没有受到处理不放过。

（3）有关人员没有受到教育不放过。

（4）防范措施没有落实不放过。

2）事故报告的要求

（1）施工单位事故报告要求：

①生产安全事故发生后，当事人向施工单位负责人报告，施工单位负责人接到报告后，应当在 1 小时内向事故发生地县级以上人民政府建设主管部门和有关部门报告；

②实行施工总承包的建设工程，由总承包单位负责上报事故；

③情况紧急时，可以直接向事故发生地县级以上人民政府建设主管部门和有关部门报告。

（2）建设主管部门事故报告要求：

①较大事故、重大事故、特别重大事故逐级上报至国务院建设主管部门；

②一般事故逐级上报至省、自治区、直辖市人民政府建设主管部门；

③建设主管部门依照规定上报事故情况时，应当同时报本级人民政府，国务院建设主管部门接到重大事故和特别重大事故报告后，应立即报国务院；

④必要时，建设主管部门可以越级上报事故情况。

【注】逐级上报事故情况时，每级上报的时间不得超过 2 小时。

【注意】掌握事故报告的内容。

3）事故调查报告的内容

根据《生产安全事故报告和调查处理条例》等相关规定的要求，事故调查处理应当坚持实事求是、尊重科学的原则，及时、准确地查清事故经过、事故原因和事故损失，查明事故性质，认定事故责任，总结事故教训，提出整改措施，并对事故责任者依法追究责任。

表 5-3-1 列出了事故报告和事故调查报告内容的区别。

表 5-3-1　事故报告和事故调查报告内容的区别

事故报告的内容	事故调查报告的内容
（1）事故发生的时间、地点和有关单位名称	（1）事故发生单位概况
（2）事故的初步原因	（2）事故发生的原因和事故性质

续表

事故报告的内容	事故调查报告的内容
(3)事故的简要经过	(3)事故发生经过和事故救援情况
(4)事故已经造成或者可能造成的伤亡人数,初步估计的直接经济损失	(4)事故造成的人员伤亡和直接经济损失
(5)事故发生后采取的措施及事故控制情况	(5)事故防范和整改措施
(6)事故报告单位或报告人员	(6)事故责任的认定和对事故责任者的处理建议
(7)其他应当报告的情况	

【注】事故报告后出现新情况,以及事故发生之日起30日内伤亡人数发生变化的,应当及时补报。

【注意】掌握调查报告的内容。

4) 事故处理

(1)建设主管部门应当依据有关人民政府对事故的批复和有关法律法规的规定,对事故相关责任者实施行政处罚。处罚权限不属本级建设主管部门的,应当在收到事故调查报告批复后15个工作日内,将事故调查报告(附有关证据材料)、结案批复、本级建设主管部门对有关责任者的处理建议等转送有权限的建设主管部门。

(2)建设主管部门应当依照有关法律法规的规定,对因降低安全生产条件导致事故发生的施工单位给予暂扣或吊销安全生产许可证的处罚;对事故负有责任的相关单位给予罚款、停业整顿、降低资质等级或吊销资质证书的处罚。

(3)建设主管部门应当依照有关法律法规的规定,对事故发生负有责任的注册执业资格人员给予罚款、停止执业或吊销其注册执业资格证书的处罚。

5)法律责任

事故发生单位主要负责人有下列行为之一的,处上一年年收入40%~80%的罚款;属于国家工作人员的,并依法给予处分;构成犯罪的,依法追究刑事责任:

(1)不立即组织事故抢救的;

(2)在事故调查处理期间擅离职守的;

(3)迟报或者漏报事故的。

事故发生单位及其有关人员有下列行为之一的,对事故发生单位处100万元以上500万元以下的罚款;对主要负责人、直接负责的主管人员和其他直接责任人员处上一年年收入60%~100%的罚款;属于国家工作人员的,并依法给予处分;构成违反治安管理行为的,由公安机关依法给予治安管理处罚;构成犯罪的,依法追究刑事责任:

(1)谎报或者瞒报事故的;

(2)伪造或者故意破坏事故现场的;

(3)转移、隐匿资金、财产,或者销毁有关证据、资料的;

(4)拒绝接受调查或者拒绝提供有关情况和资料的;

(5)在事故调查中作伪证或者指使他人作伪证的；

(6)事故发生后逃匿的。

☆知识点导图(图 5-3-2)

- 建筑装饰工程生产安全事故应急预案和事故处理
  - 应急预案
    - 预案目的
      - 避免紧急情况发生时出现混乱
      - 确保按照合理的响应流程采取适当的救援措施
      - 预防和减少可能随之引发的职业健康安全和环境影响
    - 预案构成
      - 综合应急预案：阐述事故的综合性文件
      - 专项应急预案
        - 针对具体的事故类别（如基坑开挖、脚手架拆除等事故）、危险源和应急保障而制订的计划和方案
        - 综合应急预案的组成部分
      - 现场处置方案
        - 针对具体的装置、场所或设施、岗位所制订的应急处置措施
        - 具体、简单、针对性强
    - 预案管理
      - 评审
        - 可参加人员：政府人员、安全生产和应急方面的管理专家
        - 不可参加人员：与所评审预案的生产经营单位有利害关系的
      - 公布
      - 备案
        - 地方各级：当报同级人民政府和上一级安全生产监督管理部门备案，并依法向社会公布
        - 其他：抄送同级安全生产监督管理部门备案
        - 央企
          - 报国务院主管的负有安全生产监督管理职责的部门备案并抄送应急管理部
          - 所属单位的应急预案报所在地的市级人民政府主管的负有安全生产监督管理职责的部门备案，并抄送同级人民政府应急管理部门
      - 实施
        - 综合应急预案或者专项应急预案：每年至少一次演练
        - 现场处置方案：每半年至少一次演练
        - 应急预案修订的情形
          - （1）依据的法律、法规、规章、标准及上位预案中的有关规定发生重大变化的
          - （2）应急指挥机构及其职责发生调整的
          - （3）面临的事故风险发生重大变化的
          - （4）重要应急资源发生重大变化的
          - （5）预案中的其他重要信息发生变化的
          - （6）在应急演练和事故应急救援中发现问题需要修订的
          - （7）编制单位认为应当修订的其他情况
      - 监督管理：地方各级人民政府应急管理部门应当每年对应急预案的监督管理工作情况进行总结，并报上一级人民政府应急管理部门
  - （接下页）

- 建筑装饰工程生产安全事故应急预案和事故处理
  - （接上页）
  - 事故处理
    - 分类
      - 按伤害程度分类
        - （1）轻伤：1个工作日至105个（不含）工作日的失能伤害
        - （2）重伤：等于或超过105个工作日的失能伤害，重伤的损失工作日最多不超过6 000工日
        - （3）死亡：损失工作日超过6 000工日
      - 按生产安全事故造成的人员伤亡或直接经济损失分类：（安全事故的判断标准不仅包括重伤人数还包括中毒人数）（图5–3–1）
    - 处理
      - “四不放过”原则
        - 事故原因未查清不放过
        - 责任人未受到处罚不放过
        - 有关人员未受到教育不放过
        - 防范措施没有落实不放过
      - 事故报告的要求
        - 施工单位事故上报
          - （1）生产安全事故发生后，当事人向施工单位负责人报告；施工单位负责人接到报告后，应当在1小时内向事故发生地县级以上人民政府建设主管部门和有关部门报告
          - （2）实行施工总承包的建设工程，由总承包单位负责上报事故
          - （3）情况紧急时，可以越级上报
        - 建设主管部门事故报告要求（政府上报）
          - （1）较大事故、重大事故、特别重大事故逐级上报至国务院建设主管部门
          - （2）一般事故逐级上报至省、自治区、直辖市人民政府建设主管部门
          - （3）建设主管部门依照规定上报事故情况时，应当同时报本级人民政府，国务院建设主管部门接到重大事故和特别重大事故报告后，应立即报国务院
          - （4）必要时，建设主管部门可以越级上报
      - 事故报告和事故调查报告内容的区别（表5–3–1）
      - 处理违法行为
        - 失职行为
只罚个人，不罚单位
罚个人：上一年年收入40%~80%
          - 不立即组织事故抢救
          - 在事故调查处理期间擅离职守
          - 迟报或者漏报事故
        - 故意违法行为
罚个人，又罚单位
罚个人：对主要负责人、直接负责的主管人员和其他直接责任人处上一年年收入60%~100%
罚单位：处100万~500万元
          - 谎报或者瞒报事故
          - 伪造或者故意破坏事故现场
          - 转移、隐匿资金、财产，或者销毁有关证据、资料
          - 拒绝接收调查或者拒绝提供有关情况和资料
          - 在事故调查中作伪证或者指使他人作伪证
          - 事故发生后逃匿

图 5-3-2　建筑装饰工程生产安全事故应急预案和事故处理

第 4 节　建筑装饰工程施工现场文明施工和环境保护的要求

☆知识点概括

1. 施工现场文明施工的要求
2. 施工现场环境保护的要求

☆知识点剖析

1　施工现场文明施工的要求

施工现场文明施工应采取如下措施。

1)文明施工的组织措施

(1)建立文明施工的管理组织——人员职责的分配。应确立以项目经理为现场文明施工的第一责任人,以各专业工程师,材料、保卫、后勤等现场项目经理部人员为成员的施工现场文明管理组织,共同负责本工程现场文明施工的工作。

【注】安全生产的第一负责人是企业的法定代表人。

(2)健全文明施工的管理制度(了解)——建立各种制度。建立文明施工的岗位责任制、监理定期的检查制度,建立奖惩制度,加强教育培训等。

2)文明施工的管理措施

(1)现场围挡设计。围挡需封闭,工地四周设置连续、密闭的砖墙围挡,与外界隔绝进行封闭施工。市区主要路段和其他涉及市容景观路段的工地设置的围挡高度不低于 2.5 m,其他工地的围挡高度不低于 1.8 m。

(2)现场工程标志牌设计。"五牌一图",即工程概况牌、管理人员名单及监督电话牌、消防保卫(防火责任)牌、安全生产牌、文明施工牌和施工现场平面图。

(3)临设布置。集体宿舍与作业区隔离,人均床铺面积不小于 2 m^2。

(4)现场场地和道路。主要场地应硬化,并设置相应的安全防护设施和安全标志。施工现场内有完善的排水措施,不允许有积水存在。

(5)现场卫生管理。

①明确施工现场各区域的卫生责任人。

②食堂须有卫生许可证,禁止使用食用塑料制品做熟食容器,炊事员和茶水工需持有效的健康证明和上岗证。

(6)文明施工教育。现场施工人员均佩戴胸卡,按工种统一编号管理。

2　施工现场环境保护的要求

施工现场环境污染的处理。

1. 大气污染的处理

(1)施工现场外围围挡不得低于 1.8 m。

(2)严禁凌空随意抛撒垃圾。

(3)施工现场的堆土,洒水覆膜封闭或表面临时固化或植草,防止扬尘污染。

(4)施工现场道路应硬化。

(5)易飞扬材料入库密闭存放或覆盖存放(水泥、白灰、珍珠岩等)。

(6)施工现场易扬尘处使用密目式安全网封闭。

（7）在大门口铺设一定距离的石子（定期过筛洗选）路自动清理车轮或做一段混凝土路面和水沟用水冲洗车轮车身，或人工清扫车轮车身。

（8）禁止施工现场焚烧产生有毒、有害烟尘和恶臭气体的物质。

（9）尾气排放超标的车辆，应安装净化消声器，防止噪声和冒黑烟。

（10）施工现场炉灶采用消烟除尘型，烟尘排放控制在允许范围内。

（11）拆除旧有建筑物时，应适当洒水，并且在旧有建筑物周围采用密目式安全网和草帘搭设屏障，防止扬尘。

2. 水污染的处理

（1）污水未经处理不得直接排入城市污水管道或河流。

（2）禁止将有毒有害废弃物作为土方回填，避免污染水源。

（3）施工现场存放油料、化学溶剂等设有专门的库房，须对库房地面和高 250 mm 墙面进行防渗处理。

（4）对于现场气焊用的乙炔发生罐产生的污水严禁随地倾倒，要用专用容器集中存放，并倒入沉淀池处理。

（5）施工现场 100 人以上的临时食堂，污水排放时可设置简易有效的隔油池。

（6）施工现场临时厕所的化粪池应采取防渗漏措施，防止污染水体。

（7）施工现场化学药品、外加剂等要妥善入库保存，防止污染水体。

3. 噪声污染的处理

（1）在人口密集区，一般避开晚 10 时到次日早 6 时的作业。

（2）施工现场超噪声值的声源，采取如下措施降低噪声或转移声源：

①尽量选用低噪声设备和工艺降低噪声；

②在声源处安装消声器消声，以降低噪声；

③加工成品、半成品的作业，尽量放在工厂车间生产，以转移声源来消除噪声。

（3）在施工现场噪声的传播途径上，采取吸声、隔声等声学处理方法来降低噪声。

（4）夜间噪声最大声级超过限值的幅度不得高于 15 dB。噪声限值，昼间为 70 dB，夜间为 55 dB。

4. 固体废物污染的处理

（1）分类存放，可回收的废弃物做到回收再利用，对有可能造成二次污染的废弃物须单独贮存。

（2）固体废弃物的运输应采取分类、密封、覆盖措施，避免泄漏、遗漏，并送到专门地方处理。

5. 光污染的处理

（1）对施工现场照明器具的种类、灯光亮度加以控制，不对着居民区照射。

（2）电气焊应尽量远离居民区或在工作面设蔽光屏障。

☆知识点导图(图 5-4-1)

建筑装饰工程施工现场文明施工和环境保护的要求

- (1)现场场地和道路应硬化
- (2)市区主要路段和其他涉及市容景观路段的工地设置的围挡高度不低于2.5 m，其他工地的围挡高度不低于1.8 m
- (3)“五牌一图”：工程概况牌、管理人员名单及监督电话牌、消防保卫(防火责任)牌、安全生产牌、文明施工牌和施工现场平面图
- (4)高大建筑物清理建筑垃圾时，需使用封闭式容器，严禁凌空抛撒
- (5)禁止将有毒有害废弃物作为土方回填
- (6)人均床铺面积不小于2 m^2
- (7)施工现场100人以上的临时食堂，污水排放时可设置简易有效的隔油池
- (8)禁止使用食用塑料制品做熟食容器
- (9)易飞扬材料入库密闭存放或覆盖存放(水泥、白灰、珍珠岩等)
- (10)施工现场存放油料、化学溶剂等设有专门的库房，必须对库房地面和高250 mm墙面进行防渗处理
- (11)建筑施工场地噪声排放限值：昼间70 dB，夜间55 dB
- (12)一般晚上10时到次日早6时之间停止强噪声作业，当必须施工时，需出示安民告示
- (13)固体废物分类存放，可回收的废弃物做到回收再利用，对有可能造成二次污染的废弃物必须单独贮存
- (14)光污染的处理：对施工现场照明器具的种类、灯光亮度加以控制，不对着居民区照射

图 5-4-1　建筑装饰工程施工现场文明施工和环境保护的要求

章节习题

一、单项选择题

1. 下列关于施工职业健康安全管理体系文件要求的说法中,不属于体系文件编写原则的是(　　)。

A. 标准要求的要写到　　B. 文件写到的要做到

C. 做到的要有有效记录　　D. 记录到的要有改进措施

2. 下列关于施工职业健康安全管理体系合规性评价次数的说法,正确的是(　　)。

A. 项目组级合规性评价每年进行两次　　B. 项目组级合规性评价每年进行一次

C. 公司级合规性评价每年进行两次　　D. 公司级合规性评价每年进行一次

3. 对建设工程来说,新员工上岗前的三级安全教育具体应由(　　)负责实施。

A. 公司、项目、班组　　　　B. 企业、工区、施工队
C. 企业、公司、工程处　　　　D. 工区、施工队、班组

4. 下列建筑施工企业为从事危险作业的职工办理的保险中，属于非强制性保险的是(　　)。

A. 工伤保险　　B. 意外伤害保险　　C. 基本医疗保险　　D. 失业保险

5. 施工安全隐患处理的单项隐患综合处理原则指的是(　　)。

A. 人、机、料、法、环境任一个环节的安全隐患，都要从五者匹配的角度考虑处理
B. 在处理安全隐患时应考虑设置多道防线
C. 既对人机环境系统进行安全治理，又需治理安全管理措施
D. 既要减少肇发事故的可能性，又要对事故减灾做充分准备

6. 某分包工程发生生产安全事故，应由(　　)负责上报事故。

A. 分包单位　　B. 总承包单位　　C. 建设单位　　D. 监理单位

二、多项选择题

1. 职业健康安全与环境管理体系的作业文件一般包括(　　)。

A. 作业指导书　　　　B. 监测活动准则
C. 程序文件引用的表格　　　　D. 管理规定
E. 绩效报告

2. 根据《建设工程安全生产管理条例》，应组织专家进行专项施工方案论证、审查的分部分项工程有(　　)。

A. 起重吊装工程　　B. 拆除工程　　C. 深基坑工程　　D. 地下暗挖工程
E. 高大模板工程

3. 下列情形中，(　　)应急预案应当及时修订并归档。

A. 依据的法律、法规、规章、标准及上位预案中的有关规定发生重大变化的
B. 应急指挥机构及其职责发生调整的
C. 面临的事故风险发生重大变化的
D. 重要应急资源发生细小变化的
E. 在应急演练和事故应急救援中发现问题需要修订的

4. 根据《安全生产事故报告和调查处理条例》(国务院令第 493 号)，对事故发生单位主要负责人处上一年年收入 40%~80% 罚款的情形有(　　)。

A. 谎报或者瞒报事故　　　　B. 伪造或者故意破坏事故现场
C. 不立即组织事故抢救　　　　D. 迟报或者漏报事故
E. 在事故调查处理期间擅离职守

第 6 章　建筑装饰工程施工合同管理

【章节概述】合同管理是“三管”之一,与实务有交叉,也是重点内容。其中,发承包模式和合同计价方式相对来说记忆难度并不大,需要进行区分,对应掌握。

本章需要特别重视招投标工作程序、施工索赔责任分担等内容,其中“合同索赔”是管理中的重点。一些涉及合同的内容相对较多,发承包双方的责任义务,注意把握重点,合同计价方式和发承包模式的特点,注意进行区分,掌握牢固。

第 1 节　建筑装饰工程施工发承包模式

☆知识点概括

1. 施工发承包的主要类型
2. 施工招标与投标

☆知识点剖析

1　施工发承包的主要类型

建设工程施工发承包的模式决定了建设工程项目发包方和施工任务承包方之间、承包方与分包方等相互之间的合同关系。大量建设工程的项目管理实践证明,一个项目的建设能否成功,能否进行有效的投资控制、进度控制、质量控制、合同管理及组织协调,很大程度上取决于发承包模式的选择。因此,应该对标世界一流管理,学习国际先进施工发承包模式,准确把握其特点和适用条件,根据工程项目的特点和工程管理的需要,灵活选用适当的模式,不断提升施工管理水平。

1. 施工发承包模式对比

常见的施工发承包模式主要有如下几种。

(1)发包方委托一个施工单位或由多个施工单位组成的施工联合体或施工合作体作为施工总承包单位,施工总承包单位视需要再委托其他施工单位作为分包单位配合施工。

(2)发包方委托一个施工单位或由多个施工单位组成的施工联合体或施工合作体作为施工总承包管理单位,发包方另委托其他施工单位作为分包单位进行施工。

（3）发包方不委托施工总承包单位，而平行委托多个施工单位进行施工。施工发承包模式的选择权在业主，业主根据工程的特点和对工程的要求，并考虑各种发承包模式的特点来进行选择。以下分析主要施工发承包的模式，以及从业主的角度分析各种施工发承包模式的特点，而从施工方的角度看，其利弊可能正好相反。

1）施工平行发承包的含义

施工平行发承包，又称为分别发承包，是指发包方根据建设工程项目的特点、项目进展情况和控制目标的要求等因素，将建设工程项目按照一定的原则分解，将其施工任务分别发包给不同的施工单位，各个施工单位分别与发包方签订施工承包合同。施工平行发承包的一般工作程序为：施工图设计完成→施工招标投标→施工→完工验收。一般情况下，发包人在选择施工承包单位时通常根据施工图设计进行施工招标，即施工图设计已经完成，每个施工承包合同都可以实行总价合同。

2）施工总承包的含义

施工总承包，是指发包人将全部施工任务发包给一个施工单位或由多个施工单位组成的施工联合体或施工合作体，施工总承包单位主要依靠自己的力量完成施工任务。当然，经发包人同意，施工总承包单位可以根据需要将施工任务的一部分分包给其他具有相应资质的分包人。

与施工平行发承包相似，采用施工总承包模式发包的一般工作程序为：施工图设计完成→施工总承包的招标投标→施工→竣工验收。一般情况下，招标人在通过招标选择承包人时通常以施工图设计为依据，即施工图设计已经完成，不确定性因素减少了，有利于实行总价承包。施工总承包合同一般采用总价合同。

3）施工总承包管理的含义

施工总承包管理模式的英文名称是"Managing Contractor"，简称 MC，意为"管理型承包"。它不同于施工总承包模式。采用该模式时，业主与某个具有丰富施工管理经验的单位或者由多个单位组成的联合体或合作体签订施工总承包管理协议，由其整合项目的各项施工管理任务，并负责所有分包单位的组织与协调，为业主提供全面的施工管理服务。

一般情况下，施工总承包管理单位不参与实体工程的施工，实体工程的施工需要再进行分包单位的招标与发包，把实体工程的施工任务分包给分包商来完成。但有时也存在另一种情况，即施工总承包管理单位也想承担部分实体工程的施工，这时它也可以参加这一部分工程施工的投标，通过竞争取得任务。

表 6-1-1 比较了三种不同发承包模式的特点。

表 6-1-1　施工发承包模式对比

分项	模式		
	施工平行发承包	施工总承包	施工总承包管理
程序	部分施工图设计完成→该部分施工招投标→施工→完工验收	施工图设计全部完成→施工总承包的招投标→施工→竣工验收	对施工总承包管理方的招标可以提前到项目尚处于设计阶段进行
费用控制	(1)投标人投标报价较有依据； (2)对降低工程造价有利； (3)对投资的早期控制不利	(1)投标人的投标报价较有依据； (2)有利于业主对总造价的早期控制； (3)可能发生索赔	(1)分包合同的投标报价较有依据； (2)对降低工程造价有利； (3)没有合同总造价，业主担风险
进度控制	(1)缩短建设周期； (2)业主用于招标的时间较多； (3)业主的管理风险大	(1)开工日期较迟； (2)施工总进度计划的相关事宜由施工总承包单位负责，而项目总进度计划相关事宜由业主负责	(1)缩短建设周期； (2)施工总进度计划的相关事宜由施工总承包管理单位负责，项目总进度计划的相关事宜由业主负责
质量控制	(1)符合质量控制上的“他人控制”原则； (2)应非常重视各合同对交界面的定义，否则对项目的质量控制不利	(1)取决于施工总承包单位的选择； (2)取决于施工总承包单位的管理水平和技术水平； (3)业主对施工总承包单位的依赖较大	(1)施工总承包管理单位对分包进行管理； (2)符合“他人控制”原则； (3)各分包合同交界面的定义由施工总承包管理单位负责，对业主有利
合同管理	(1)招标工作量大，对业主不利； (2)业主在每个合同中都有相应的责任和义务； (3)业主合同管理工作量较大	业主只需要进行一次招标，对业主有利	一般情况下，分包合同由业主负责，对业主不利，但要经过施工总承包管理单位的认可
组织与协调	(1)业主决定所有工程的承包商的选择； (2)工作量大，对业主不利； (3)业主方可能需要配备较多的人力和精力进行管理，管理成本高	业主只负责对施工总承包单位的管理及组织协调，工作量大大减小，对业主比较有利	施工总承包管理方管理各个分包单位，大大减轻业主的工作

2. 施工总承包管理模式与施工总承包模式对比

施工总承包管理模式与施工总承包模式相比具有以下优点：

(1)合同总价不是一次确定，整个项目的合同总额较有依据；

(2)对业主方节约投资有利；

(3)施工总承包管理单位不赚总包单位与分包单位之间的差价；

(4)业主对分包单位的选择具有控制权；

(5)缩短建设周期，有利于进度控制。

2 施工招标与投标

对建设工程的发包人来说,很重要的是如何找到理想的、有能力承担建设工程任务的合格单位,用经济合理的价格,获得满意的服务和产品。根据建设工程的通常做法,建设工程的发包人一般都通过招标或其他竞争方式选择建设工程任务的实施单位,包括设计、咨询、施工承包和供货等单位。当然,发包人也可以通过询价采购和直接委托等方式选择建设工程任务的实施单位。而承担建设工程任务的设计、施工等单位也通常以投标竞争方式显示自己的实力和水平,获得想要承担的工程任务。

1. 施工招标

1)建设工程施工招标应该具备的条件

(1)招标人已经依法成立。

(2)初步设计及概算应当履行审批手续的,已经批准。

(3)招标范围、招标方式和招标组织形式等应当履行核准手续的,已经核准。

(4)有相应资金或资金来源已经落实。

(5)有招标所需的设计图纸及技术资料。

2)招标方式的确定

(1)公开招标:无限竞争性招标(国际竞争性招标、国内竞争性招标)。

(2)邀请招标:有限竞争性招标(有限国际招标)。

招标人采用邀请招标时,向三个以上具备承担招标项目能力、资信良好的特定的法人或者其他组织发出投标邀请书。

3)招标信息的发布与修正

(1)招标信息的发布。

①工程招标是一种公开的经济活动,因此要采用公开的方式发布信息。

②招标人或其委托的招标代理机构应当保证招标公告内容的真实、准确和完整。

③拟发布的招标公告和公示信息文本应当由招标人或其招标代理机构盖章,并由主要负责人或其授权的项目负责人签名。

④依法须招标项目的招标公告和公示信息除在发布媒介发布外,招标人或其招标代理机构也可以同步在其他媒介公开,并确保内容一致。

(2)招标信息的修正。

①时限:提交投标文件截止时间至少15日前发出。

②形式:书面形式。

③全面:通知所有招标文件收受人。

4)资格预审

资格预审是指招标人在招标开始之前或者开始初期,由招标人对申请参加投标的潜在投标人进行资质条件、业绩、信誉、技术、资金等多方面情况的资格审查;经认定合格的潜在投标人，才可以参加投标。

5）标前会议

（1）标前会议也称为投标预备会或招标文件交底会，是招标人按投标须知规定的时间和地点召开的会议。

（2）会议内容及问题回答都要用书面通知的形式发给每一个投标人，但对问题的答复不需要说明问题来源。

（3）当补充文件与招标文件内容不一致时，应以补充文件为准。

（4）招标人可以根据实际情况在标前会议上确定延长投标截止时间。

6）评标

评标分为评标准备、初步评审、详细评审、编写评标报告等过程。

（1）初步评审重点审查投标书是否实质上响应了招标文件的要求。审查的内容包括：投标资质审查、投标文件的完整性审查等。若未对招标文件做出实质性的响应则为废标，还要对投标计算的正确性进行审查，如果计算有误，通常的处理方法是以大写为准、以正本为准、以单价为准，这些修改由投标人代表签字。

（2）详细评审是评标的核心，包括技术评审（技术方案、技术措施、技术手段、人员配备等）和商务评审（报价高低、计价方式、计算方法、支付条件、优惠条件等）。

评标结束应该推荐中标候选人。评标委员会推荐的中标候选人应当限定在 1~3 人，并标明排列顺序。

2. 施工投标

1）研究招标文件

重点注意以下几个方面。

（1）投标人须知：工程概况、招标内容、招标文件的组成、投标文件的组成、招投标时间安排等。

（2）投标书附录与合同条件：投标人中标后应承担的责、权、利。

（3）技术说明：熟悉所采用的技术规范，了解技术说明中有无特殊施工技术要求和特殊材料设备要求，以便根据定额和市场确定价格。

（4）永久性工程之外的报价补充文件：对旧建筑的拆除，工程师的各项开支，会议费用等。

2）进行各项调查研究

（1）市场宏观经济环境调查。

（2）工程现场考察和工程所在地区的环境考察。

（3）工程业主方和竞争对手公司的调查。

3）复核工程量

（1）对于单价合同，尽管以实测工程量结算工程款为准，但投标人仍应根据图纸仔细核工程量，相差较大时，投标人应向招标人要求澄清。

（2）对于总价合同，投标前业主对争议工程量不予更正的，而且是对投标者不利的情况，投标者在投标时要附上声明，如工程量表中某项工程量有错误，施工结算应按实际完成量计算；还可适当采用报价技巧，如不平衡报价（对某些工程量可能增加的项目提高报价，而对某些工程量可能减少的可以降低报价）。

4）选择施工方案

施工方案应由投标单位的技术负责人主持制定。

5）投标计算

在进行投标计算时，须首先根据招标文件复核或计算工程量。作为投标计算的必要条件，应预先确定施工方案和施工进度。此外，投标计算还须与采用的合同计价形式相协调。

6）确定投标策略

投标策略包括：以信用取胜、以低价取胜、以缩短工期取胜、以改进设计取胜、以特殊的施工方案取胜。

7）正式投标

（1）注意投标的截止日期：提交标书的最后期限。

（2）投标文件的完备性：对招标文件提出的实质性要求和条件做出响应，在招标范围以外提出新的要求均被视为对招标文件的否定，不会被招标人所接受。

（3）注意标书的标准：基本内容是签章、密封，否则无效。投标书需要盖有投标企业公章以及企业法人的名章（或签字）。

（4）注意投标的担保：担保方式、金额及担保期限。

【**提示**】此知识点需要在理解的基础上掌握，与实际紧密联系。需要注意与实际工作的差异，按照教材掌握。

☆知识点导图（图 6-1-1）

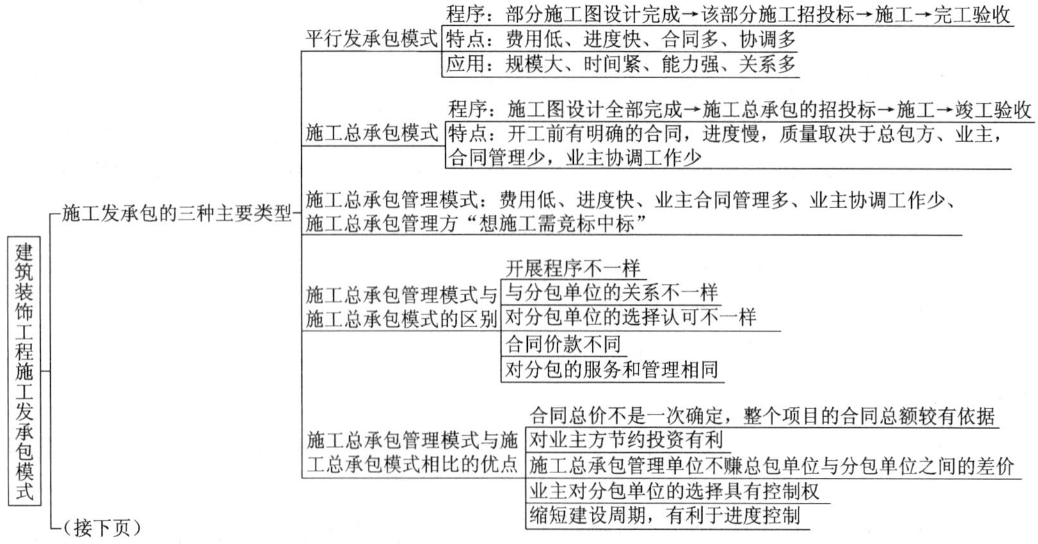

- 建筑装饰工程施工发承包模式
  - （接上页）
  - 招标与投标
    - 招标
      - 招标条件：明确招标人、手续齐全、明确资金来源、招标图纸完整
      - 招标项目：公共安全项目、政府资金（我国和国际）
      - 招标方式：公开招标、邀请招标（3个及以上）
      - 信息发布：不同媒体发布，保证信息一致
      - 信息修正：投资截止日期前15日书面通知所有人
      - 标前会议：会议纪要以书面形式发给每一个投标人
      - 评标事项：评标准备、初步评审、详细评审（核心：技术+商务）、编写评标报告。以大写为准、以正本为准、以单价为准，修改由投标人代表签字。评标委员会推荐中标候选人1~3名，并标明排列顺序
    - 投标
      - 购买文件：自费购买，买完不退
      - 研究文件：投标人须知，投标书附录与合同条件、技术说明、永久性工程之外的报价补充文件
      - 各项调查：经济环境、施工现场、业主和竞争对手
      - 复核工程量
      - 选施工方案（投标人的技术负责人主持制定）
      - 投标计算
      - 定投标策略（低价取胜、缩短工期取胜等）
      - 正式投标（标书需要密封、签章+签字）

图 6-1-1　建筑装饰工程施工发承包模式

第 2 节　建筑装饰工程施工合同与物资采购合同

☆知识点概括

1. 施工承包合同的主要内容
2. 施工专业分包合同的主要内容
3. 施工劳务分包合同的主要内容
4. 物资采购合同的主要内容

☆知识点剖析

1　施工承包合同的主要内容

1. 发包人的责任与义务

1）发包人的责任

（1）办理道路的通行证，取得为工程建设所需修建场外设施的权利，并承担有关费用。

（2）发包人在约定的期限内，提供测量数据及其书面资料，并保证内容的真实性、准确性、完整性。

（3）发包人应对雇佣的全部人员的工伤事故承担责任，承包人原因造成发包人人员工伤的，承包人承担责任。

【注】工程造成第三者财产损失时，发包人承担；发包人的原因造成第三人人身伤亡时，发包人承担责任。

（4）工程开工后，双方共同编制施工场地治安管理计划，并制订应对突发治安事件的紧急

预案。

(5)过程中发生事故,承包人立即通知监理人,监理人立即通知发包人,承发包双方立即组织人员进行抢修。

2)发包人的义务

(1)发出开工通知。

(2)提供施工场地。

(3)协助承包人办理证件和批件。

(4)组织设计交底。

(5)支付合同价款。

(6)组织竣工验收。

3)发包人违约的情形

(1)发包人未能按合同约定支付预付款或合同价款、延误付款。

(2)发包人原因造成停工的。

(3)监理人无正当理由没有在约定期限内发出复工指示。

(4)发包人无法继续履行或明确表示不履行或实质上已停止履行合同的。

(5)发包人不履行合同的其他义务。

2. 承包人的责任与义务

1)承包人的一般义务

(1)完成各项承包工作。

(2)对施工作业和施工方法的完备性负责。

(3)保证工程施工和人员的安全。

(4)负责施工场地及其周边环境与生态的保护。

(5)避免施工对公众与他人的利益造成损害。

(6)为他人提供方便。

(7)工程的维护和照管。

2)承包人的其他责任与义务

(1)承包人不得将工程主体、关键性工作分包给第三人(承包人与分包人就分包工程向发包人承担连带责任)。

(2)承包人应在接到开工通知后28天内,向监理人提交施工场地人员安排的报告。

(3)承包人应对施工场地和周围环境进行查勘,在全部合同工作中,应视为承包人已充分估计了应承担的责任和风险。

3. 进度控制的主要条款内容

1)开工日期与工期

监理人应在开工日期7天前向承包人发出开工通知。

2）工期调整

（1）发包人的工期延误：承包人可以索赔工期和（或）增加费用，并支付合理利润。

①增加工作内容。

②改变任何一项工作的质量要求或其他特性。

③发包人迟延提供材料、工程设备或变更交货地点的。

④因发包人原因导致的暂停施工。

⑤提供图纸延误。

⑥未按合同约定及时支付预付款、进度款。

⑦其他原因。

（2）异常恶劣的气候条件：承包人有权要求发包人延长工期。

（3）承包人的工期延误：承包人支付逾期竣工违约金，但不免除承包人完成工程及修补缺陷的义务。

（4）工期提前：发包人要求承包人提前竣工，应承担承包人由此增加的费用，并向承包人支付合同条款约定的相应奖金。

3）暂停施工

（1）承包人暂停施工的责任：

①承包人违约引起的暂停施工；

②由于承包人原因为工程合理施工和安全保障所必需的暂停施工；

③承包人擅自暂停施工；

④承包人其他原因引起的暂停施工；

⑤专用合同条款约定由承包人承担的其他暂停施工。

（2）发包人暂停施工的责任：承包人有权要求发包人延长工期和（或）增加费用，并支付合理利润。

（3）监理人暂停施工指示：

①不论何种原因引起的暂停施工，其间承包人应负责妥善保护工程并提供安全保障；

②由于发包人的原因暂停施工，且监理人未及时下达暂停施工指示的，承包人可先暂停施工，并及时向监理人提出书面请求，监理人在 24 小时内予以答复，否则视为同意暂停施工请求。

（4）暂停施工后的复工：

①当工程具备复工条件时，监理人应立即发出复工通知；

②承包人无故拖延和拒绝复工的，由承包人承担增加的费用和工期延误；

③因发包人原因无法按时复工的，承包人有权要求发包人延长工期和（或）增加费用。

（5）暂停施工持续 56 天以上。

①监理人发出暂停施工指示后 56 天内未向承包人发出复工通知（承包人暂停施工的责任除外），承包人可向监理人提交书面通知，要求监理人收到书面通知后 28 天内准许复工，如监理逾期不予批准，则承包人可以通知监理人，将该部分视为可取消工作。如暂停施工影响到整

个工程，视为发包人违约。

②由于承包人责任引起的暂停施工，如承包人在收到监理人暂停施工指示后 56 天内不采取有效的复工措施，造成工期延误，可视为承包人违约。

4. 隐蔽工程的复检

（1）符合合同要求的，发包人承担责任。

（2）不符合合同要求的，承包人承担责任。

（3）私自覆盖的，无论是否符合合同要求，都由承包人承担责任。

5. 费用控制的主要条款内容

1）预付款

除专用合同条款另有约定外，承包人应在收到预付款的同时向发包人提交预付款保函，预付款保函的担保金额应与预付款金额相同。保函的担保金额可根据预付款扣回的金额相应递减。

2）工程进度款

（1）承包人应在每个付款周期末，向监理人提交进度付款申请单，并附相应的支持性证明文件。

（2）监理人在收到承包人进度付款申请单以及相应的支持性证明文件后的 14 天内完成核查，提出发包人到期应支付给承包人的金额，经发包人审查同意后，由监理人向承包人出具经发包人签认的进度付款证书，且监理有权扣发承包人未按合同要求履行的工作的相应金额。

（3）发包人应在监理人收到进度付款申请单后的 28（7+7+14）天内，支付进度款。

（4）监理人出具经发包人签认的进度付款证书，不应视为已同意、批准或接受了承包人完成的该部分工作。

3）质量保证金

缺陷责任期满时，承包人向发包人申请到期应返还承包人剩余的质量保证金金额，发包人应在 14 天内会同承包人按照合同约定的内容核实承包人是否完成缺陷责任。

4）竣工结算

（1）监理人在收到承包人提交的竣工付款申请单后的 14 天内完成核查。

（2）发包人应在收到后 14 天内审核完毕，并由监理人出具竣工付款证书。

（3）发包人应在监理人出具竣工付款证书后的 14 天内，将应付款支付给承包人。

【注】

（1）若双方对付款证书有异议的，按争议解决的约定办理。

（2）第 2 章中涉及竣工结算的时间为竣工验收合格后 28 天内，承包人向发包人和监理人提交竣工结算申请单；发包人收到承包人提交的竣工结算申请书后 28 天内（监理 14 天 + 发包人 14 天）完成审批，并签发付款证书，在颁发竣工结算证书后 14 天内付款。

5)最终结清

(1)监理人收到承包人提交的最终结清申请单后的14天内,提出发包人应支付给承包人的价款送发包人审核并抄送承包人。

(2)发包人应在收到后14天内审核完毕,由监理人出具经发包人签认的最终结清证书。

(3)发包人应在监理人出具最终结清证书后的14天内,将支付款给承包人。

【注】第2章中涉及最终结清的时间为承包人应在缺陷责任期终止证书颁发后7天内提出最终结清申请单;发包人应在收到承包人提交的最终结清申请单后14天内完成审批并颁发最终结清证书,在颁发最终结清证书后7天内完成支付。

6. 竣工验收

1)验收

(1)发包人经验收后同意接收工程的,在监理人收到竣工验收申请报告后的56天内,由监理人出具经发包人签认的工程接收证书。

(2)发包人不同意接收工程的,承包人返工重做或进行补救处理,承担相应的费用,然后重新提交竣工验收申请报告。

(3)经验收合格,工程的实际竣工日期,以提交竣工验收申请报告的日期为准。

(4)发包人在收到竣工验收申请报告56天后未进行验收的,视为验收合格,实际竣工日期为提交竣工验收申请报告的日期。

2)试运行

承包人应按专用合同条款约定进行工程及工程设备试运行,并承担全部试运行费用。

3)竣工清场

工程接收证书颁发后,承包人应按要求对施工场地进行清理。竣工清场费用由承包人承担。

7. 缺陷责任与保修责任

1)缺陷责任期的起算时间

缺陷责任期自实际竣工日期起计算。在全部工程竣工验收前,已经发包人提前验收的单位工程,其缺陷责任期的起算日期相应提前。

2)缺陷责任

(1)承包人应在缺陷责任期内对已交付使用的工程承担缺陷责任。

(2)缺陷责任期内,发包人对已接收使用的工程负责日常维护工作。

(3)监理人和承包人应共同查清缺陷和(或)损坏的原因,谁的原因谁承担责任。

(4)承包人不能在合理时间内修复缺陷的,发包人可自行解决,对费用和利润的承担由责任方处理。

3)缺陷责任期的延长

缺陷责任期最长不超过2年。

4)缺陷责任期终止证书

在缺陷责任期,包括延长的期限终止后 14 天内,由监理人出具经发包人签认的缺陷责任期终止证书,并退还剩余的质量保证金。

5)保修责任

保修期自实际竣工日期起计算。在全部工程竣工验收前,发包人提前验收的单位工程,其保修期的起算日期相应提前。

【注】工程保修期从工程竣工验收合格之日起算。

2　施工专业分包合同的主要内容

1. 工程承包人(总承包单位)的主要责任和义务

(1)承包人应提供总包合同(价格除外)供分包人查阅。

(2)项目经理应及时向分包人提供所需的指令、批准、图纸等。

(3)承包人的工作:

①向分包人提供各种证件、批件和相关资料;

②组织分包人参加图纸会审,进行设计图纸交底;

③提供约定的设备和设施,并承担因此发生的费用;

④为分包人提供施工所要求的施工场地和通道等;

⑤负责整个施工场地的管理工作,确保分包人按照施工组织设计进行施工。

2. 专业工程分包人的主要责任和义务

1)分包人与发包人的关系

分包人与承包人无关系。

2)承包人指令

就分包工程范围内的有关工作,承包人随时可以向分包人发出指令,分包人应执行承包人根据分包合同所发出的所有指令。

3)分包人的工作

(1)按分包合同约定对分包工程进行设计、施工、竣工和保修。

(2)按照合同约定的时间,完成规定的设计内容,承包人承担相应的费用。

(3)在合同约定的时间内,向承包人提供工程进度计划及相应进度统计报表。

(4)在合同约定的时间内,向承包人提交详细施工组织设计。

(5)按规定办理施工场地交通、施工噪声及环境保护和安全生产等的有关手续,并以书面形式通知承包人,承包人承担由此发生的费用(分包人责任造成的罚款除外)。

(6)分包人应允许授权的人员在工作时间内,合理进入分包工程施工场地或材料存放地,分包人应提供方便。

(7)已竣工工程未交付承包人之前,分包人应负责已完分包工程的成品保护工作,其间发生损坏的,分包人自费修复。

3. 合同价款

(1)合同方式:固定价格、可调价格、成本加酬金。

(2)分包合同价款与总包合同相应部分价款无任何连带关系。

(3)承包人应在收到分包工程竣工结算报告及结算资料后 28 天内支付工程竣工结算价款。

3　施工劳务分包合同的主要内容

1. 工程承包人的主要义务

(1)组建项目管理班子,对工程的工期和质量向发包人负责。

(2)完成劳务分包人施工前期的工作:

①向劳务分包人交付施工场地;

②满足劳务作业所需的能源供应、通信及施工道路畅通;

③向劳务分包人提供相应的工程资料;

④向劳务分包人提供生产、生活临时设施。

(3)负责编制施工组织设计。

(4)负责工程技术交底,组织图纸会审。

(5)按时提供图纸,及时交付材料、设备。

(6)向劳务分包人支付劳动报酬。

(7)负责与发包人、监理、设计及有关部门协调。

2. 劳务分包人的主要义务

(1)工程质量向工程承包人负责,不得擅自与发包人联系。

(2)严格按照图纸施工。

(3)自觉接受有关部门的管理、监督和检查。

(4)劳务分包人须服从工程承包人转发的发包人及工程师(监理人)的指令。

(5)劳务分包人应对其作业内容的实施、完工负责。

3. 保险

(1)劳务分包人施工开始前,发包人为自有人员及第三人人员生命财产办理保险。

(2)运至施工场地用于劳务施工的材料等,由承包人办理或获得保险。

(3)承包人须为租赁或提供给劳务分包人使用的施工机械设备办理保险。

(4)劳务分包人须为从事危险作业的职工办理意外伤害险,为自有人员生命财产和施工机械支付保险费用。

(5)保险事故发生时,劳务分包人和工程承包人有责任采取必要的措施,防止或减少损失。

4. 劳务报酬最终支付

(1)劳务分包人完工 14 天后,提交结算资料,最终支付劳务报酬。

（2）承包人收到资料后 14 天内进行核实，确认结算资料后 14 天内结款。

（3）劳务报酬结算价款发生争议时，按合同约定处理。

4 物资采购合同的主要内容

工程建设过程中的物资包括建筑材料（含构配件）和设备等。材料和设备的供应一般需要经过订货、生产（加工）、运输、储存、使用（安装）等各个环节，经历一个非常复杂的过程。

物资采购合同分建筑材料采购合同和设备采购合同，其合同当事人为供货方和采购方。供货方一般为物资供应单位或建筑材料和设备的生产厂家，采购方为建设单位（业主）、项目总承包单位或施工承包单位。供货方应对其生产或供应产品的质量负责，而采购方则应根据合同的规定进行验收。

1. 建筑材料采购合同的主要内容

建筑材料采购合同的标的主要包括购销物资的名称（注明牌号、商标）、品种、型号、规格、等级、花色、技术标准或质量要求等。合同中标的物应按照行业主管部门颁布的产品规定正确填写，不能用习惯名称或自行命名，以免产生差错。订购特定产品，最好还要注明其用途，以免产生不必要的纠纷。标的物的质量要求应该符合国家或者行业现行有关质量标准和设计要求，应该符合以产品采用标准、说明、实物样品等方式表明的质量状况。

合同中应该明确所采用的计量方法，并明确计量单位。凡国家、行业或地方规定有计量标准的产品，合同中应按照统一标准注明计量单位，没有规定的，可由当事人协商执行，不可以用含混不清的计量单位。应当注意的是，若建筑材料或产品有计量换算问题，则应该按照标准计量单位确定订购数量。

供货方发货时所采用的计量单位与计量方法应该与合同一致，并在发货明细表或质量证明书中注明，以便采购方检验。运输中转单位也应该按照供货方发货时所采用的计量方法进行验收和发货。

订购数量必须在合同中注明，尤其是一次订购分期供货的合同，还应明确每次进货的时间、地点和数量。建筑材料在运输过程中容易造成自然损耗，如挥发、飞散、干燥、风化、潮解、破碎、漏损等，在装卸操作或检验环节中换装、拆包检查等也都会造成物资数量的减少，这些都属于途中自然减量。但是，有些情况不能作为自然减量，如非人力所能抗拒的自然灾害所造成的非常损失，由于工作失职和管理不善造成的失误。因此，对于某些建筑材料，还应在合同中写明交货数量的正负尾数差、合理重量差和运输途中的自然损耗的规定及计算方法。

表 6-2-1 列出了建筑材料采购合同的主要内容。

表 6-2-1 建筑材料采购合同的主要内容

项目	主要内容
质量要求	（1）按颁布的国家标准执行； （2）没有国家标准而有部颁标准的则按照部颁标准执行； （3）没有国家标准和部颁标准为依据时，可按照企业标准执行； （4）以上标准都没有或者有上述标准但采购方有特殊要求时，按照双方在合同中约定的技术条件、样品或补充技术要求执行

续表

项目	主要内容
包装(物) (供货方提供)	(1)押金回收; (2)折价回收
验收形式	(1)驻厂验收; (2)提运验收; (3)接运验收; (4)入库验收
交货期限	(1)送货,以采购方收货戳记的日期为准; (2)提货,以供货方按合同规定通知的提货日期为准; (3)物流,以供货方发运产品时承运单位签发的日期为准
价格	(1)有国家定价的,应按国家定价执行; (2)按规定由国家定价但国家尚无定价的材料,其价格应报请物价主管部门批准; (3)不属于国家定价的产品,可由供需双方协商确定价格
违约责任	(1)供货方违约:不能按期供货、不能供货、供应的货物有质量缺陷或数量不足等。 (2)需方、采购方违约:不按合同要求接收货物、逾期付款或拒绝付款等

2. 设备采购合同的主要内容

成套设备供应合同的一般条款可参照建筑材料供应合同的一般条款,包括产品(设备)的名称、品种、型号、规格、等级、技术标准或技术性能指标;数量和计量单位;包装标准及包装物的供应与回收;交货单位、交货方式、运输方式、交货地点、提货单位、交(提)货期限;验收方式;产品价格;结算方式;违约责任等。此外,还需要注意以下问题:

设备价格与支付,一般采用固定总价合同。

合同价款支付方式如下。

(1)预付款:支付 10%。

(2)交货:支付 80%。

(3)剩余的 10% 作为设备保证金。

☆知识点导图(图 6-2-1)

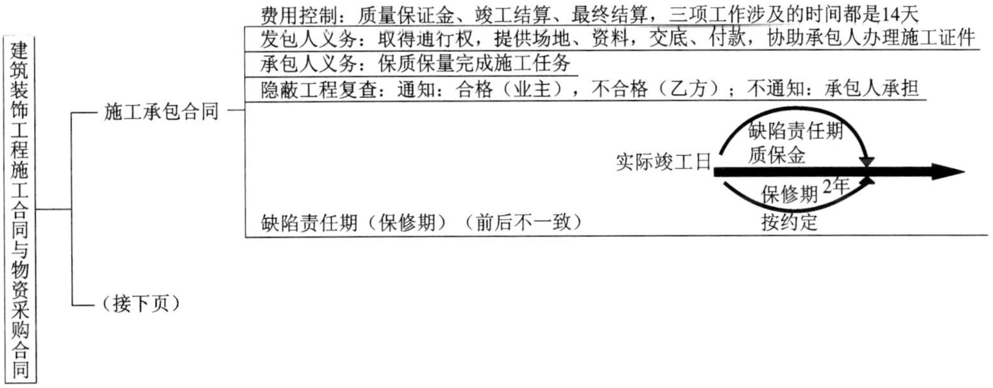

- 建筑装饰工程施工合同与物资采购合同
  - （接上页）
  - 专业分包合同
    - 禁止转包或再分包
    - 承包人责任：提供场地、图纸、证件、指令，付款、交底，提供总包合同（除价格外）给分包
    - 分包人责任：保证质量、安全、文明、环保、工期、节能；禁止与发包方取得联系
  - 劳务分包合同
    - 劳务分包人的义务
      - 保质保量干活
      - 接受监督检查
      - 服从承包人转发的指令
    - 保险的办理
      - 发包人办理自有人员和第三人人员保险
      - 承包人办理劳务施工材料、设备、自（租）施工机械的保险
      - 劳务分包人为从事危险作业的人员办理意外伤害险，为自有人员、设施办理保险
    - 劳务报酬的支付：支付过程中每个环节涉及时间均为14天
  - 物资采购合同
    - 物资的质量标准
      - 按颁布的国家标准执行
      - 没有国家标准而有部颁标准则按部颁标准执行
      - 没有国家标准和部颁标准为依据，则按企业标准执行
      - 没有上述标准或者有上述标准但采购方有特殊要求时，按双方在合同中约定的技术、样品或补充技术要求执行
    - 物资的价格标准
      - 有国家定价的材料，应按国家定价执行
      - 按规定应按照国家定价但是国家尚无定价的材料，其价格应报物价主管部门批准
      - 不属于国家定价的产品，可由供需双方协商定价
    - 物资包装物的回收方式
      - 折价回收
      - 押金回收
    - 物资验收方式
      - 驻厂验收
      - 提运验收
      - 接运验收
      - 入库验收
    - 交货期限
      - 送货：送货时的戳记日期
      - 提货：按合同约定通知的提货日期
      - 代运：承运单位签发日期
    - 违约责任
      - 提前供货：不提前给钱
      - 多供货：交管理费
    - 设备款
      - 一般采用总价合同
      - 先交预付款10%；交货时再付80%；留设备保证金10%

图 6-2-1　建筑装饰工程施工合同与物资采购合同

第 3 节　建筑装饰工程施工计价方式

☆知识点概括

1. 单价合同
2. 总价合同
3. 成本加酬金合同

☆知识点剖析

1　单价合同

表 6-3-1 总结了单价合同的相关知识。

表 6-3-1　单价合同知识点

适用范围	工程量不确定的项目
结算	合同约定的实际完成工程量 × 合同单价
风险	双方都无工程量方面的风险
优点	发包单位可以缩短招标准备时间； 投标人缩短投标时间
缺点	业主需要安排专门力量来核实已经完成的工程量，对投资控制不利
特点	单价优先，以单价为准调整总价
分类	固定单价合同（工期短、工程量变化不大的项目，约定范围内不可调价）； 变动单价合同（工程量有较大变化，通货膨胀、国家政策变化时可调价）

2　总价合同

1. 总价合同的特点

(1)发包单位可以较早预测工程成本。

(2)业主的风险较小。

(3)评标时易于迅速确定最低报价的投标人。

(4)能极大地调动承包人的积极性。

(5)发包单位能更容易、更有把握地对项目进行控制。

(6)须完整而明确地规定承包人的工作。

(7)将设计和施工的变化控制在最小限度内。

2. 总价合同的分类

1)固定总价合同(一年左右的项目)

(1)适用条件:

①工程量小、工期短,变化小;

②工程设计详细,图纸完整;

③工程结构和技术简单,风险小;

④投标期相对宽裕;

⑤双方权利、义务清楚,合同条件完备。

【注】固定总价合同“约定可调”。

(2)承包方承担的风险。

①价的风险:报价计算错误、漏报项目、物价和人工费上涨。

②量的风险:工程量计算错误、工程范围不确定、工程变更或者由于设计深度不够所造成的误差。

2)变动总价合同调价情形

(1)法律、行政法规和国家有关政策变化影响合同价款。

(2)工程造价管理部门公布的价格调整。

(3)一周内非承包人原因停水、停电、停气造成的停工累计超过 8 小时。

(4)双方约定的其他因素。

3 成本加酬金合同

成本加酬金合同也称为成本补偿合同,这是与固定总价合同正好相反的合同,工程施工的最终合同价格将按照工程的实际成本再加上一定的酬金进行计算。在签订合同时,工程实际成本往往不能确定,只能确定酬金的取值比例或者计算原则。

采用这种合同,承包商不承担任何价格变化或工程量变化的风险,这些风险主要由业主承担,对业主的投资控制很不利。而承包商则往往缺乏控制成本的积极性,常常不仅不愿意控制成本,甚至还会期望提高成本以提高自己的经济效益,因此这种合同容易被那些不道德或不称职的承包商滥用,从而损害工程的整体效益。所以,应该尽量避免采用这种合同。

表 6-3-2 总结了成本加酬金合同的知识。

表 6-3-2 成本加酬金合同知识点

适用范围	(1)工程特别复杂,工程技术、结构方案不能预先确定; (2)时间特别紧迫,如抢险、救灾工程,来不及详细商谈
风险	主要由业主承担,对业主的投资控制很不利
优点	(1)分段施工缩短工期; (2)减少承包商的对立情绪; (3)利用承包商的施工技术专家,改进或弥补设计中的不足; (4)业主可以根据自身力量,较深地介入和控制工程施工和管理; (5)可以通过确定最大保证价格约束工程成本不超过某一限值,从而转移一部分风险
缺点	合同的不确定性大,由于设计未完成,难以对工程计划进行合理安排
分类	(1)成本加固定费用,适用于工程变化不大的项目; (2)成本加固定比例费用,适用于无法按常规编制招标文件的项目; (3)成本加奖金,根据合同约定的估算指标计算奖金; (4)最大成本加费用,适用于设计深度很深的项目,酬金包括各项管理费、风险费及利润(施工总承包管理模式、非代理型 CM 模式采用这种方式)

注:施工管理承包(Construction Management Approach, CM)模式,又称“边设计、边施工”方式。CM 模式是由业主委托 CM 单位,以一个承包商的身份,采取有条件的“边设计、边施工”,着眼于缩短项目周期,也称快速路径法。该概念专业性较强,此处了解即可,不做深究。

☆知识点导图(图 6-3-1)

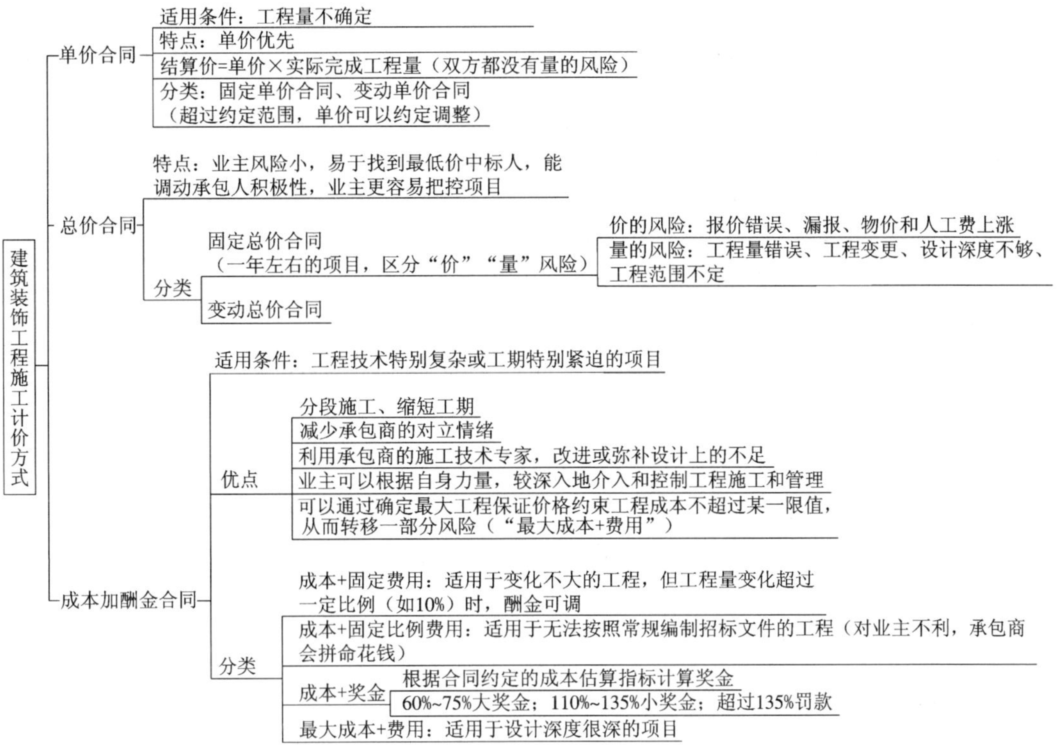

图 6-3-1　建筑装饰工程施工计价方式

第 4 节　建筑装饰工程施工合同执行过程的管理

☆知识点概括

1. 施工合同跟踪与控制
2. 施工合同变更管理

☆知识点剖析

1　施工合同跟踪与控制

1. 施工合同跟踪的两方面含义

(1)承包单位的合同管理职能部门对合同执行者(项目经理部或项目参与人)的履行情况进行的跟踪、监督和检查。

(2)合同执行者(项目经理部或项目参与人)本身对合同计划的执行情况进行的跟踪、检查与对比。

2. 施工合同跟踪的对象

(1)承包的任务(工程施工的质量、工程进度、工程数量、成本的增加和减少)。

(2)工程小组或分包人的工程和工作(总包对分包的工作进行跟踪)。

(3)业主和其委托的工程师的工作(是否提供了实施条件;是否及时下达指令、答复和确认;是否及时并足额支付工程款)。

3. 合同实施的偏差分析

(1)产生偏差的原因分析。

(2)合同实施偏差的责任分析。责任分析须以合同为依据,按合同规定落实双方的责任。

(3)合同实施趋势分析:

①最终的工程状况(延误、超支、质量状况);

②承包商将承担什么样的后果(罚款、被起诉、对企业形象和资信的影响等);

③最终工程经济效益(利润)水平。

4. 合同实施偏差处理

(1)组织措施,如增加人员投入,调整人员安排,调整工作流程和工作计划等。

(2)技术措施,如变更技术方案,采用新的高效率的施工方案等。

(3)经济措施,如增加投入,采取经济激励措施等。

(4)合同措施,如进行合同变更,签订附加协议,采取索赔手段等。

2 施工合同变更管理

1. 工程变更的原因

(1)业主新的变更指令,对建筑的新要求。

(2)由于设计人员、监理方人员、承包商事先没有很好地理解业主的意图,或设计的错误,导致图纸修改。

(3)工程环境的变化,造成施工方案或施工计划变更。

(4)由于产生新技术和知识,有必要改变原设计、原施工方案,或由于业主原因造成施工方案的改变。

(5)政府部门对工程的新要求,如环境保护要求、城市规划变动等。

(6)由于合同实施出现问题,须调整合同目标。

2. 变更的范围和内容

(1)取消合同中任何一项工作,但被取消的工作不能转由发包人或其他人实施。

(2)改变合同中任何一项工作的质量或其他特性。

(3)改变合同工程的基线、标高、位置或尺寸。

(4)改变合同中任何一项工作的施工时间或改变已批准的施工工艺或顺序。

(5)为完成工程需要追加的额外工作。

3. 变更权

在履行合同过程中，经发包人同意，监理人可按合同约定的变更程序向承包人做出变更指示，承包人应遵照执行。没有监理人的变更指示，承包人不得擅自变更。

4. 变更程序

1)变更的提出

(1)监理人指示的变更。

(2)承包人申请的变更。

承包人收到图纸和文件后，如存在变更情形，可向监理人提出书面变更建议，监理人收到后与发包人共同研究，确定存在变更的，应在收到承包人书面变更建议后 14 天内做出变更指示，经研究不需要变更的，由监理人通知承包人。

2)变更指示

变更指示只能由监理人发出。承包人收到变更指示后，应按变更指示进行变更工作。变更指示应说明变更的目的、范围、变更内容以及变更的工程量及其进度和技术要求，并附有关图纸和文件。

5. 变更估价

(1)承包人收到变更指示或变更意向书后的 14 天内，向监理人提交变更报价书。

(2)监理人收到承包人变更报价书后的 14 天内，商定或确定变更价格。

6. 变更估价的原则

(1)已标价工程量清单中有适用于变更工作的子目的，采用该子目的单价。

(2)已标价工程量清单中无适用于变更工作的子目的，参照类似子目的单价商定。

(3)已标价工程量清单中无适用或无类似子目的单价，按成本加利润的原则，由监理人商定或确定单价。

☆知识点导图(图 6-4-1)

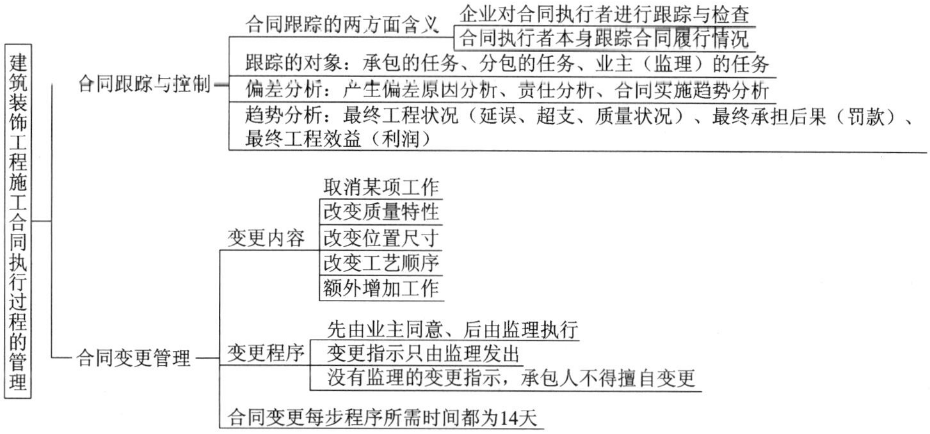

图 6-4-1　建筑装饰工程施工合同执行过程的管理

第 5 节　建筑装饰工程施工合同的索赔

☆知识点概括

1. 施工合同索赔的依据和证据
2. 施工合同索赔的程序

☆知识点剖析

1　施工合同索赔的依据和证据

1. 索赔的依据

(1)合同文件。
(2)法律、法规。
(3)工程建设惯例。

2. 索赔证据的基本要求

索赔证据应具有真实性、及时性、全面性、有效性、关联性。

3. 索赔成立的条件

1)承包商可以提起索赔的事件

索赔事件,又称为干扰事件,是指那些使实际情况与合同规定不符合,最终引起工期和费用变化的各类事件。

承包商可以提起索赔的事件:
(1)发包人违反合同给承包人造成时间、费用的损失;
(2)因工程变更造成时间、费用的损失;
(3)由于监理工程师对合同文件的歧义解释、技术资料不确切,或由于不可抗力导致施工条件的改变,造成时间、费用的增加;
(4)发包人提出提前完成项目或缩短工期而造成承包人费用的增加;
(5)发包人延误支付期限造成承包人的损失;
(6)合同规定以外的项目进行检验,且检验合格,或非承包人的原因导致项目缺陷的修复所发生的损失或费用;
(7)非承包人的原因导致工程暂时停工;
(8)物价上涨、法规变化及其他。

2)索赔成立的前提条件

(1)与合同对照,事件已造成承包人工程项目成本的额外支出或直接工期损失。
(2)造成费用增加或工期损失的原因,按合同约定不属于承包人的行为责任或风险责任。

（3）承包人按合同规定的程序和时间提交索赔意向通知和索赔报告。

以上三个条件须同时具备，缺一不可。

2　施工合同索赔的程序

1. 索赔意向通知和索赔通知

1）提出索赔意向

在工程实施过程中发生索赔事件以后，首先要提出索赔意向，即在合同规定时间内将索赔意向以书面形式及时通知发包人或者工程师（监理人），这是索赔工作程序的第一步。

一般索赔意向通知仅仅表明索赔的意向，应该尽量简明扼要，涉及索赔内容，但不涉及索赔金额。

索赔意向通知的内容包括：

（1）索赔事件发生的时间、地点和简单事实情况描述；

（2）索赔事件的发展动态；

（3）索赔依据和理由；

（4）索赔事件对工程成本和工期产生的不利影响。

2）承包人向发包人提出索赔的程序

（1）索赔事件发生后28天内，向监理人递交索赔意向通知，否则丧失索赔权利。

（2）承包人发出索赔意向通知后28天内，向监理人正式递交索赔通知。

（3）索赔事件连续影响时，每隔28天提交中间索赔报告，在索赔事件结束后的28天内，承包人应向监理人递交最终索赔通知。

2. 索赔文件

（1）总述部分。

（2）论证部分：关键部分。

（3）索赔款项（或工期）计算部分。

（4）证据部分。

3. 索赔文件的审核

对于承包人向发包人的索赔请求，索赔文件应该交由工程师（监理人）审核。

（1）监理人收到承包人提交的索赔通知后，查验承包人的记录和证明材料，必要时监理人可要求承包人提交全部原始记录副本。

（2）监理人按总监和合同当事人商定或确定追加的付款和（或）延长的工期，并在收到索赔通知或有关索赔的进一步证明材料后42天内，将索赔处理结果答复承包人。

（3）承包人接受索赔处理结果的，发包人应在做出索赔处理结果答复后28天内完成赔付；承包人不接受的，按合同约定处理。

4. 承包人提出索赔的期限（图6-5-1）

根据《标准施工招标文件》中的通用合同条款，承包人提出索赔的期限如下。

(1)承包人接收竣工付款证书后,已无权再提出工程接收证书颁发前的索赔。

(2)承包人提交的最终结清申请单中,只限于提出工程接收证书颁发后发生的索赔。

(3)索赔的期限自接收最终结清证书时终止。

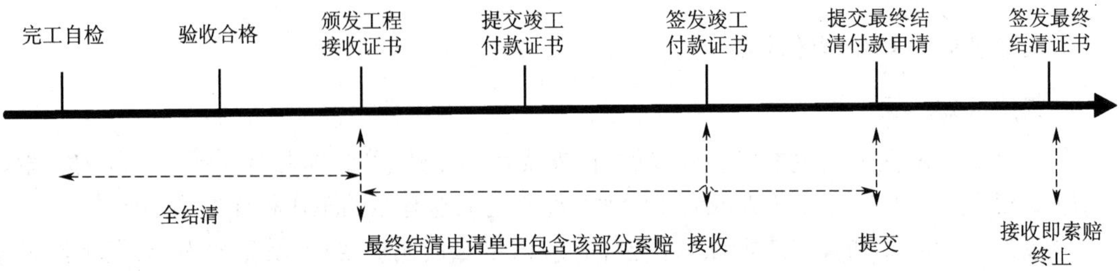

图 6-5-1 承包人提出索赔的期限

5. 反索赔的基本内容

反索赔的工作内容包括两个方面:

(1)防止对方提出索赔;

(2)反击或反驳对方的索赔要求。

☆知识点导图(图 6-5-2)

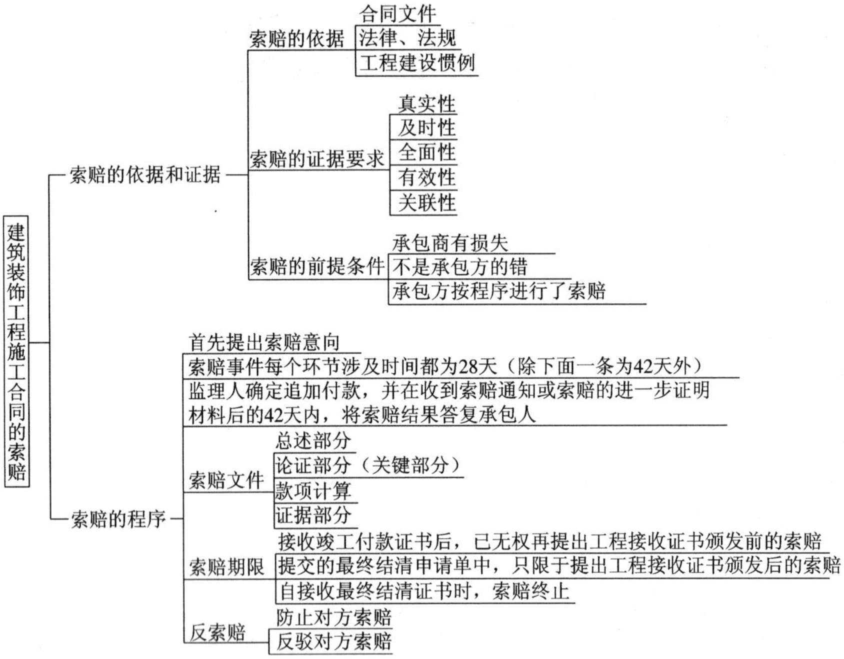

图 6-5-2 建筑装饰工程施工合同的索赔

第 6 节　建筑装饰工程施工合同风险管理、工程保险、工程担保

☆知识点概括

1. 施工合同风险管理
2. 工程保险
3. 工程担保

☆知识点剖析

1　施工合同风险管理

1. 施工合同风险的类型

1)项目外界环境风险

(1)政治环境变化:战争、社会动乱。

(2)经济环境变化:通货膨胀、汇率调整。

(3)合同所依据的法律环境变化。

(4)自然环境变化:洪水、地震、台风等。

2)项目组织成员资信和能力风险

(1)业主资信和能力风险。

(2)承包商(分包商、供货商)资信和能力风险。

(3)其他,政府机关、周边居民等的干预、苛求等。

3)管理风险

(1)对环境调查和预测的风险。

(2)合同条款不严密、错误、二义性,工程范围和标准存在不确定性。

(3)承包商投标策略错误,错误地理解业主意图和招标文件,导致实施方案错误、报价失误等。

(4)承包商的技术设计、施工方案、施工计划和组织措施存在缺陷和漏洞,计划不周。

(5)实施控制过程中的风险,如合作伙伴的争执、责任不明。

2. 工程合同风险分配

1)工程合同风险分配的重要性

业主确定合同类型,对风险的分配起主导作用,有更大的主动权和责任。业主不能把风险全部推给对方,一定要理性分配风险,否则可能产生如下后果:

(1)如果业主不承担风险,也缺乏工程控制的积极性和内在动力,工程不能顺利进行;

(2)如果合同不平等,承包商没有合理利润,若风险事件发生,不可预见风险费用不足以

弥补承包商的损失，承包商通常会采取其他各种办法弥补损失或减少开支；

(3)如果合同所定义的风险没有发生，而业主多支付了报价中的不可预见风险费，承包商取得了超额利润。

合理分配风险的好处：

(1)业主可以获得一个合理的报价，承包商报价中的不可预见风险费较少；

(2)减少合同的不确定性，承包商可以准确地计划和安排工程施工；

(3)可以最大限度地发挥合同双方风险控制和履约的积极性；

(4)整个工程的产出效益可能会更好。

2)工程风险分配的原则

从工程整体效益出发，最大限度地发挥双方的积极性，尽可能做到：

(1)谁能最有效地预测、防止和控制风险，或能有效地降低风险损失，或能将风险转移给其他方面，则应由其承担相应的风险责任；

(2)承担者控制相关风险是经济的；

(3)通过风险分配，加强责任，发挥双方管理和技术革新的积极性等。

2 工程保险

1. 保险概述

1)保险标的

保险标的是保险保障的目标和实体。

2)保险金额

保险金额简称保额，是保险人承担赔偿或给付保险金责任的最高限额。当保险金额高于保险财产的实际价值时，对超额部分，保险公司不负补偿责任，即不允许被保险人通过投保获得额外利益。

3)保险费

保险费简称保费，是投保人支付给保险人的价款。保险费的多少由保险金额的大小和保险费率的高低两个因素决定。

4)保险责任

保险责任是保险人根据合同的规定应予承担的责任，但除外责任如下：

(1)投保人故意行为所造成的损失；

(2)因被保险人不忠实履行约定义务所造成的损失；

(3)战争或军事行为所造成的损失；

(4)保险责任范围以外，其他原因所造成的损失。

2. 工程保险种类

(1)工程一切险：包括建筑工程一切险、安装工程一切险两类。施工过程中如果发生保险责任事件使工程本体受到损害,已支付进度款部分的工程属于项目法人的财产,尚未获得支付但已完成部分的工程属于承包人的财产,因此要求投保人办理保险时应以双方名义共同投保。为了保证保险的有效性和连贯性,国内工程通常由项目法人办理保险,国际工程一般要求承包人办理保险。

(2)第三者责任险:被保险人是项目法人和承包人。

(3)人身意外伤害险:发包人、承包人负责对本方参与现场施工的人员投保。

(4)承包人设备险:保险的范围包括承包人运抵施工现场的施工机具和准备用于永久工程的材料及设备。

(5)执业责任险:以设计人、咨询人(监理人)的设计、咨询错误或员工工作的疏漏给业主或承包商造成损失为保险标的。

(6)CIP 保险:也就是"一揽子保险",包括劳工赔偿、雇主责任险、一般责任险、建筑工程一切险、安装工程一切险。

3　工程担保

担保是为了保证债务的履行,确保债权的实现,在债务人的信用或特定的财产之上设定的特殊的民事法律关系。其法律关系的特殊性表现在,一般的民事法律关系的内容(即权利和义务)基本处于一种确定的状态,而担保的内容处于一种不确定的状态,即当债务人不按主合同之约定履行债务导致债权无法实现时,担保的权利和义务才能确定并成为现实。

我国常用的担保方式有五种:保证、抵押、质押、留置和定金。

保证又称第三方担保,是指保证人和债权人约定,当债务人不能履行债务时,保证人按照约定履行债务或承担责任的行为。

抵押是指债务人或者第三人不转移对所拥有财产的占有,将该财产作为债权的担保。债务人不履行债务时,债权人有权依法从将该财产折价或者拍卖、变卖该财产的价款中优先受偿。

质押是指债务人或者第三人将其质押物移交债权人占有,将该物作为债权的担保。债务人不履行债务时,债权人有权依法从将该物折价或者拍卖、变卖的价款中优先受偿。

留置是指债权人按照合同约定占有债务人的财产,债务人不履行债务时,债权人有权依法留置该财产,以该财产折价或者以拍卖、变卖该财产的价款优先受偿。

定金是指当事人可以约定一方向另一方给付定金作为债权的担保,债务人履行债务后,定金应当抵作价款或者收回。给付定金的一方不履行约定债务的,无权要求返还定金。收受定金的一方不履行约定债务的,应当双倍返还定金。

工程担保中大量采用的是第三方担保,即保证担保。工程保证担保在发达国家已有一百多年的历史,已经成为一种国际惯例。

工程担保制度以经济责任链条建立起保证人与建设市场主体之间的责任关系。工程承包人在工程建设中的任何不规范行为都可能危害担保人的利益,担保人为维护自身的经济利益,在提供工程担保时,必然对申请人的资信、实力、履约记录等进行全面的审核,根据被保证人的资信情况实行差别费率,并在建设过程中对被担保人的履约行为进行监督。

(1)投标担保:乙给甲。

(2)履约担保:乙给甲。

(3)预付款担保:乙给甲。

(4)支付担保:甲给乙。

(5)保修担保:乙给甲。

1. 投标担保

1)形式

担保方式有银行保函、担保公司担保书、同业担保书和投标保证金。

2)担保额度和有效期

(1)根据《工程建设项目施工招标投标办法》规定,施工投标保证金的数额一般不得超过投标总价的 2%,但最高不得超过 80 万元人民币。投标保证金有效期应当超出投标有效期 30 天。

(2)根据《中华人民共和国招标投标法实施条例》规定,投标保证金不得超过招标项目估算价的 2%,投标保证金有效期应当与投标有效期一致。

3)投标担保的作用

投标担保的主要目的是保护招标人不因中标人不签约而蒙受经济损失。投标担保要确保投标人在投标有效期内不要撤回投标书,以及投标人在中标后保证与业主签订合同并提供业主所要求的履约担保、预付款担保等。投标担保的另一个作用是在一定程度上可以筛选投标人。

2. 履约担保(最重要、担保金额最大)

履约担保可以采用银行保函(商业银行开具,约为合同金额的 10%)、履约担保书和履约保证金的形式,也可以采用同业担保的方式。

(1)银行保函分为有条件的银行保函和无条件的银行保函。

①有条件的银行保函:由发包人或工程师出具证明说明情况,并由担保人确认后才能收兑银行保函,由发包人得到保函中的款项。一般倾向于采用有条件的银行保函。

②无条件的银行保函:发包人只要看到承包人违约,不需要出具任何证明就可对银行保函进行收兑。

(2)履约担保书:当承包人在执行合同过程中违约时,开出担保书的担保公司或者保险公司用该项担保金去完成施工任务或者向发包人支付完成该项目所实际花费的金额,但该金额须在保证金的担保金额之内。

(3)质量保证金:发包人累计扣留的质量保证金不得超过工程款结算总额的 3%。发包人在退还质量保证金的同时,按照中国人民银行发布的同期同类贷款基准利率支付利息。

3. 预付款担保(约为合同金额的 10%)

(1)预付款担保是承包人与发包人签订合同后、领取预付款之前,为保证正确、合理使用发包人支付的预付款而提供的担保,担保额度一般为合同金额的 10%。

（2）担保形式：可以采用银行保函（主要形式，可相应递减）、担保公司提供保证担保、抵押。

（3）预付款担保作用：保证承包人能够按合同规定进行施工，偿还发包人已支付的全部预付金额。

4. 支付担保

（1）支付担保是中标人要求招标人提供的保证履行合同中约定的工程款支付义务的担保。

【注】付款担保，是业主要求承包人提供的保证向分包人付款的担保。

（2）担保形式：可以采用银行保函、履约保证金、担保公司担保，发包人的支付担保实行分段滚动担保。

（3）担保额度：工程合同总额的 20%~25%。本段清算后进入下一段。

☆知识点导图（图 6-6-1）

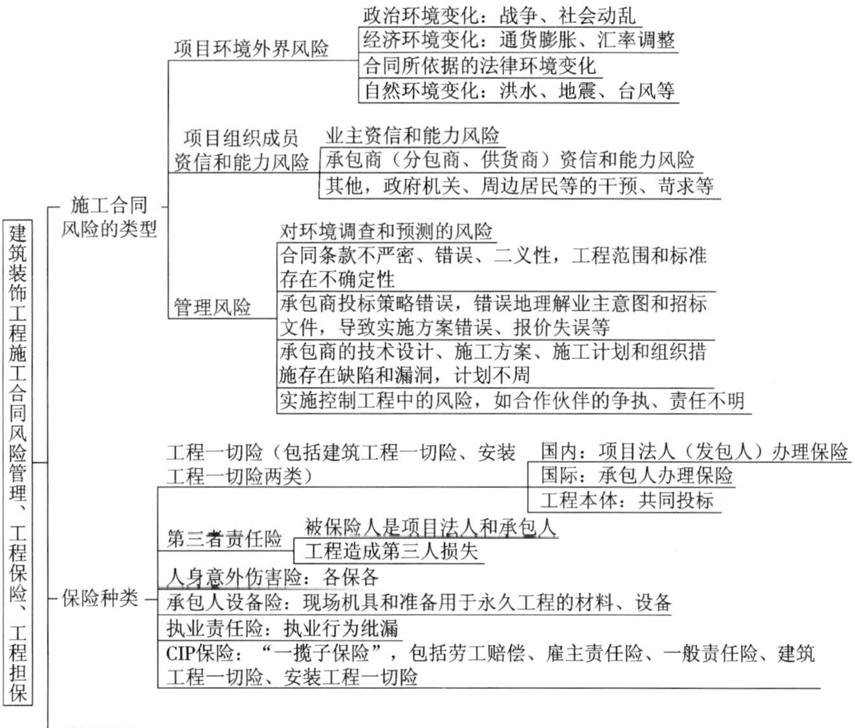

（接下页）

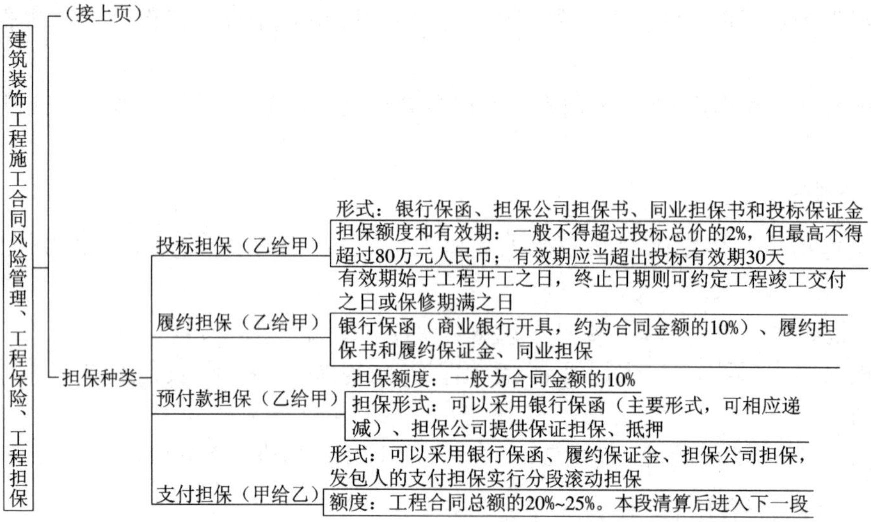

图 6-6-1　建筑装饰工程施工合同风险管理、工程保险、工程担保

章节习题

一、单项选择题

1. 与施工平行发包模式相比，施工总承包模式对业主不利的方面是(　　)。

A. 合同管理工作量增大

B. 建设周期比较长，对项目总进度控制不利

C. 组织协调工作量增大

D. 开工前合同价不明确，不利于对总造价的早期控制

2. 施工总承包管理模式下，如施工总承包单位想承接该工程部分工程的施工任务，则其取得施工任务的合理途径应为(　　)。

A. 监理单位委托　　B. 投标竞争

C. 施工总承包人委托　　D. 自行分配

3. 下列关于施工总承包模式和施工总承包管理模式比较的说法，正确的是(　　)。

A. 采用费率招标的施工总承包模式，对投资控制有利

B. 施工总承包管理模式下，发包方招标和合同管理的工作量较小

C. 施工总承包管理模式可以提前开工，缩短建设周期

D. 施工总承包模式下，发包方管理和组织协调的工作量增大

4. 某建设工程采用固定总价方式招标，业主在招投标过程中对某项争议工程量不予更正，投标单位正确的应对策略是(　　)。

A. 投标时注明工程量表存在错误，应按实结算

B. 修改工程量后进行报价

C. 按业主要求工程量修改单价后报价

D. 采用不平衡报价法提高该项工程报价

5. 根据《标准施工招标文件》，下列关于暂停施工的说法，正确的是(　　)。

A. 由于发包人原因引起的暂停施工，承包人有权要求延长工期和(或)增加费用，但不得要求补偿利润

B. 发包人原因造成的暂停施工，承包人可不负责暂停施工期间的工程保护

C. 因发包人原因发生暂停施工的紧急情况时，承包人可以先暂停施工，并及时向监理人提出暂停施工的书面请求

D. 施工中出现一些意外需要暂停施工的，所有责任由发包人承担

二、多项选择题

1. 根据《建设工程施工劳务分包合同(示范文本)》，下列关于劳务分包人应承担义务的说法，正确的是(　　)。

A. 负责组织施工管理的各项工作，对工期和质量向发包人负责

B. 须服从工程承包人转发的发包人及工程师的指令

C. 自觉接受工程承包人及有关部门的管理、监督和检查

D. 未经工程承包人授权或许可，不得擅自与发包人建立工作联系

E. 应按时提交有关技术经济资料，配合工程承包人办理竣工验收

2. 根据《建设工程施工合同(示范文本)》，采用变动总价合同时，双方约定可对合同价款进行调整的情形有(　　)。

A. 外汇汇率变化影响合同价款

B. 承包人承担的损失超过其承受能力

C. 工程造价管理部门公布的价格调整

D. 法律、行政法规和国家有关政策变化影响合同价款

E. 一周内非承包人原因停电造成的停工累计达到 7 小时

3. 根据《标准施工招标文件》，在合同履行中可以进行变更的有(　　)。

A. 改变合同工程的标高

B. 改变合同中某项工作的施工时间

C. 取消合同中某项工作，转由发包人施工

D. 为完成工程需要追加的额外工作

E. 改变合同中某项工作的质量标准

4. 投标担保的作用有(　　)。

A. 保护招标人不因中标人不签约而蒙受经济损失

B. 促进承包商履行合同约定

C. 确保投标人在投标有效期内不撤回投标书

D. 确保工程费用及时支付到位

E. 投标人在中标后保证与业主签订合同并提供业主要求的其他担保

5. 下列关于预付款担保的说法，正确的有(　　)。

A. 预付款担保不可由担保公司提供保证担保或采取抵押等形式，只能采取银行保函这种形式

B. 预付款担保的担保金额通常大于发包人的预付款

C. 承包人在施工期间，应当定期从发包人处取得同意预付款担保的银行保函减值的文件，并送交银行确认

D. 预付款担保金额通常与发包人的预付款是等值的

E. 预付款担保是指承包人与发包人签订合同后、领取预付款之前，为保证正确、合理使用发包人支付的预付款而提供的担保

第 7 章　建筑装饰工程施工信息管理

第 1 节　建筑装饰工程施工信息管理的任务和方法

☆知识点概括

1. 施工信息管理的任务
2. 施工信息管理的方法

☆知识点剖析

1　施工信息管理的任务

1. 建设工程项目信息管理的内涵

项目信息管理的目的是通过有效的项目信息传输的组织和控制为项目建设的增值服务。

2. 施工项目相关的信息管理工作

（1）项目进度控制信息，包括施工进度计划表、资源计划表、资源表、完成工作分析表等。

（2）项目成本信息，要通过责任目标成本表、实际成本表、降低成本计划和成本分析等来管理和控制成本的相关信息。

（3）项目安全控制信息，主要包括安全交底、安全设施验收、安全教育、安全措施、安全处罚、安全事故、安全检查、复查整改记录等。

（4）项目竣工验收信息，主要包括施工项目质量合格证书、单位工程交工质量核定表、交工验收证明书、施工技术资料移交表、施工项目结算、回访与保修书等。

3. 信息管理手册的主要内容

在当今的信息时代，在国际工程管理领域产生了信息管理手册，它是信息管理的核心指导文件。

2 施工信息管理的方法

施工信息管理手段的核心是实现工程管理信息化。

（1）工程管理的信息资源（表 7-1-1）。

表 7-1-1 工程管理的信息资源

类型	内容
组织类工程信息	建筑业的组织信息、项目参与方的组织信息、与建筑业有关的组织信息和专家信息等
管理类工程信息	与投资控制、进度控制、质量控制、合同管理和信息管理有关的信息等
经济类工程信息	建设物资的市场信息、项目融资信息等
技术类工程信息	与设计、施工和物资有关的技术信息等
法规类信息等	—

（2）信息管理核心的技术是基于网络的信息处理平台。

（3）中国未来建筑信息化发展将形成以建筑信息模型（BIM）为核心的产业革命。

☆知识点导图（图 7-1-1）

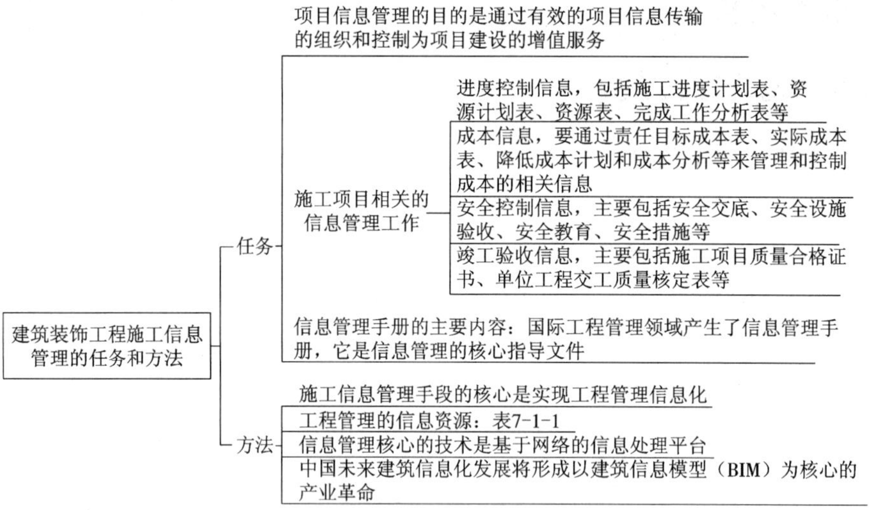

图 7-1-1 建筑装饰工程施工信息管理的任务和方法

第 2 节 建筑装饰工程施工文件的归档管理

☆知识点概括

1. 施工文件的立卷

2. 施工文件的归档

☆知识点剖析

1　施工文件的立卷

1. 立卷的基本原则

卷内资料排列顺序依次为封面、目录、文件部分、备考表、封底。

2. 立卷的具体要求

施工文件可按单位工程、分部工程、专业、阶段等组卷，竣工验收文件按单位工程、专业组卷。

3. 卷内文件的排列

同一文件的印本与定稿、主件与附件不能分开，且按批复在前、请示在后，印本在前、定稿在后，主件在前、附件在后的顺序排列。

4. 案卷的编目

（1）卷内目录排列在卷内文件首页之前，卷内备考表排列在卷内文件的尾页之后。

（2）案卷封面的编制规定。

（3）保管期限分为永久、长期、短期三种。

①永久是指工程档案需永久保存。

②长期是指工程档案的保存期限等于该工程的使用寿命。

③短期是指工程档案保存 20 年以下。

④同一案卷内有不同保管期限的文件，该案卷保管期限应从长。

（4）密级分为绝密、机密、秘密三种。同一案卷内有不同密级的文件，应以高密级为本卷密级。

2　施工文件的归档

1. 归档文件的质量要求

（1）归档的文件为原件。

（2）采用耐久性强的书写材料，如碳素墨水、蓝黑墨水。

（3）变更部分超过图面 1/3 的，应重新绘图。

2. 施工文件归档的时间和相关要求

（1）根据建设程序和工程特点，归档可以分阶段分期进行。

（2）工程档案一般不少于两套，一套由建设单位保管，另一套（原件）移交当地城建档案馆（室）。

☆知识点导图(图 7-2-1)

- 建筑装饰工程施工文件的归档管理
  - 施工文件的立卷
    - 卷内资料排列顺序：封面、目录、文件部分、备考表、封底
    - 施工文件可按单位工程、分部工程、专业、阶段等组卷，竣工验收文件按单位工程、专业组卷
    - 卷内文件按批复在前、请示在后，印本在前、定稿在后，主件在前、附件在后的顺序排列
    - 卷内目录排列在卷内文件首页之前，卷内备考表排列在卷内文件的尾页之后
    - 保管期限分为永久、长期、短期三种
      - 永久是指工程档案需永久保存
      - 长期是指工程档案的保存期限等于该工程的使用寿命
      - 短期是指工程档案保存20年以下
      - 同一案卷内有不同保管期限的文件，该案卷保管期限应从长
    - 密级分为绝密、机密、秘密三种
  - 施工文件的归档
    - 归档文件的质量要求
      - 归档的文件为原件
      - 采用耐久性强的书写材料：碳素墨水、蓝黑墨水
      - 变更部分超过图面1/3的，应重新绘图
    - 施工文件归档的时间和相关要求
      - 根据建设程序和工程特点，归档可以分阶段分期进行
      - 工程档案一般不少于两套，一套由建设单位保管，另一套（原件）移交当地城建档案馆（室）

图 7-2-1　建筑装饰工程施工文件的归档管理